Ejercicios de Física 5:

Campo Eléctrico y Magnético

© 2021 Gregorio Chenlo (@arquiteutis)

Gregorio Chenlo Romero (gregochenlo.blogspot.com)

Notas (v1):

Ejercicios de Física: 5 Campo Eléctrico y Magnético

ÍNDICE DE MATERIAS

Ejercicios de Física: 5 Campo Eléctrico y Magnético

Dedicatoria	5
Introducción	6
Copyright	10

Campo Eléctrico y Magnético	12
1: carga eléctrica	13
2: intensidad de campo eléctrico	13
3: campos y potenciales eléctricos	14
4: intensidad y potencial campo eléctrico	16
5: trabajo al transportar una carga	16
6: carga e intensidad de campo	18
7: aceleración de un electrón	20
8: suma potenciales y variación de energía	20
9: campo y potencial en una esfera	21
10: cálculo de la carga eléctrica	23
11: constante dieléctrica	24
12: densidades superficiales de carga	25
13: capacidad eléctrica	26
14: capacidad, carga, energía y densidad	26
15: potencial y capacidad de un cilindro	27
16: potencial en condensador de alta tensión	28
17: carga de varios condensadores	28
18: campo creado por dos cargas eléctricas	29
19: fuerza sobre una carga	31
20: intensidad de campo y trabajo	32

21: velocidad y energía cinética partícula 33
22: potencial y carga de unas esferas 34
23: campo eléctrico en esferas concéntricas 35
24: densidad de carga 37
25: capacidad y energía en un condensador 37
26: condensadores en paralelo y en serie 38
27: esquema de condensadores 39
28: fuerza entre cargas puntuales 41
29: carga suministrada a cargas puntuales 42
30: campo eléctrico creado por dos cargas 42
31: intensidad de campo en un anillo 44
32: componente del campo eléctrico 46
33: Ley de Coulomb y campo conservativo 46
34: carga, energía, potencial en condensadores 47
35: capacidad y energía en condensadores 48
36: potencial y energía en 3 condensadores 49
37: potencial y carga en 2 condensadores 50
38: condensador esférico 51
39: carga de un grupo de condensadores 52
40: inducción magnética 53
41: fuerza ejercida sobre un protón 54
42: órbita y velocidad de un protón 54
43: fuerza sobre una partícula en un campo 55
44: aceleración de una partícula 55
45: fuerzas magnéticas y flujo magnético 56
46: magnitud del campo eléctrico 58
47: campo magnético en un conductor 58
48: intensidad y dirección de la corriente 59
49: inducción magnética en una varilla 62
50: campo magnético creado por un conductor 62
51: fuerza y momento sobre cuadro giratorio 65
52: fuerza y flujo magnéticos 65
53: trabajo eléctrico 67
54: trabajo para trasladar una carga 68
55: fuerza y flujo magnéticos 69

Anexos *70*
Constantes *71*
Factores de conversión *73*
Integrales *75*
Relaciones trigonométricas *77*
Otros títulos *79*
Bibliografía *80*
Agradecimientos *81*

Dedicatoria

A D. Lisardo Nuñez

excelente persona
excelente profesor
Duque del Campo

Gregorio Chenlo Romero (gregochenlo.blogspot.com)

INTRODUCCIÓN

Cuando estudiaba Física en la Universidad, hace ya algún tiempo, tuve la ocasión de comprobar que muchos alumnos universitarios de las carreras de Ciencias: Física, Química, Biología, Matemáticas, Ingenierías, etc. necesitaban consultar diversos libros con ejemplos de ejercicios resueltos de la materia teórica y práctica impartida en el aula y con la finalidad fundamental de adquirir conocimientos y soltura en la resolución de ejercicios planteados en los exámenes de estas disciplinas. Igualmente, cuando hablaba con mis profesores, éstos me comentaban que se encontraban habitualmente con la necesidad de recopilar múltiples ejercicios de alguna materia concreta para preparar la clase y/o para diseñar un examen.

Este libro, parte de una serie de libros de Física con diversas materias, pretende ayudar a cubrir estas necesidades en el proceso de aprendizaje de los alumnos de primer curso de Universidad, en aquellas carreras en las que la Física es una asignatura fundamental. Para ello se exponen 55 ejercicios relacionados con los **Campos Eléctricos y Magnéticos**, con sus correspondientes esquemas, diagramas, soluciones, etc. y también con varios ejercicios adicionales donde se indica únicamente la solución o parte de ella, para que el alumno, profesor o lector pueda ejercitarse por su propia cuenta o plantear su resolución en una clase, examen, etc.

Para facilitar el proceso de aprendizaje, los ejercicios se agrupan por complejidad y aparición habitual a lo largo del curso.

En cada ejercicio se plantea el enunciado, los datos, los esquemas y gráficas y la solución con suficiente detalle para que el alumno, con una base teórica correcta, pueda seguir el desarrollo de la solución sin dificultad. Para garantizar el proceso de aprendizaje, se incluyen también ejercicios repetitivos de la misma materia pero enfocados desde diversas ópticas e incluso con diversos métodos.

No se ha querido forzar el volumen del libro, que sea un manual práctico, de rápida consulta y por lo tanto no se ha incluido teoría alguna sobre las materias abordadas, aunque si se añaden las explicaciones necesarias para la comprensión de cada ejercicio.

La materia tratada en este libro se enmarca únicamente dentro de la disciplina de Física Clásica no Relativista y que está incluida en el temario de la asignatura de Física del primer curso universitario de la mayoría de las carreras en las que se incluye la Física como asignatura principal.

Para otras materias, también del grupo de Física Clásica no Relativista, no incluidas en este libro como las siguientes, se puede consultar mi libro: **"400 Ejercicios Resueltos de Física Universitaria"** también disponible en Inglés e Italiano en www.amazon.es en los siguientes enlaces.

papel   ebook

- Vectores
- Campos
- Mecánica clásica
- Movimiento ondulatorio
- Fuerzas centrales
- Gravitación
- Elasticidad
- Estática y Dinámica de fluidos
- Termometría
- Calorimetría
- Termodinámica
- Campo eléctrico
- Campo magnético
- Corriente continua
- Corriente alterna

Al final del libro se incluye alguna bibliografía y otros datos de interés, que pueden usarse como referencia, consulta general o para la resolución de estos y otros ejercicios.

Más información en:

gregochenlo.blogspot.com

Otros títulos del autor en www.amazon.es

"Domótica con Raspberry©, Google© y Python©" (Ed-1)
"Domótica con Raspberry©, Google© y Python©" (Ed-2)
"Home Automation with Raspberry©, Google© & Python©"
"Electrónica divertida con Raspberry©"
"Elettronica divertente con Raspberry©"
"Electrónica y Domótica con Raspberry©"
"400 Ejercicios Resueltos de Física Universitaria"
"400 Solved Exercises of University Physics"
"400 Esercizi Risolti di Fisica Universitaria"
"Ejercicios de Física: 1 Cálculo Vectorial"
"Ejercicios de Física: 2 Mecánica Clásica"
"Ejercicios de Física: 3 Mecánica de Fluidos"
"Ejercicios de Física: 4 Calorimetría y Termodinámica"
"Ejercicios de Física: 5 Campo Eléctrico y Magnético"
"Ejercicios de Física: 6 Corriente Continua y Alterna"
"Algebra y Análisis en Carreras Universitarias"
"50 Poesías sin Título"
"Pescando Tiburones"
"Pescando Squali"

☺☺☺

Gregorio Chenlo Romero (gregochenlo.blogspot.com)

©COPYRIGHT

El autor de este libro es Gregorio Chenlo Romero, que se reserva todos los derechos que la Ley le otorgue en cada región donde se publique este libro, tanto en la actualidad como en el futuro.

Este libro, en su 1ª edición, se publicó en Marzo de 2021 y le aplican todos los derechos de autor que la Ley Española le otorga ya desde el mismo momento de su publicación.

Reservados todos los derechos. Queda rigurosamente prohibida, sin la autorización escrita del titular de este copyright, bajo las sanciones establecidas en las leyes vigentes, la reproducción total o parcial del texto, tablas, esquemas, dibujos, etc. incluidas en esta obra, por cualquier medio o procedimiento, incluidos la reprografía, el tratamiento informático o la distribución de ejemplares mediante el alquiler o préstamo públicos.

El autor recopiló, como alumno, la información aquí incluida en las clases públicas de la Universidad Pública en la que cursó sus estudios de Física, por lo que se entiende que la información puede ser utilizada para ayudar a otros alumnos en los estudios universitarios de Física o similares.

El autor declina toda responsabilidad que los lectores, otras personas, terceros, empresas, etc. puedan realizar por su cuenta por el uso de la información aquí descrita.

A pesar de que todo lo descrito en este libro, ha sido revisado y contrastado con el mayor interés posible, el autor también declina cualquier responsabilidad por las incorrecciones e inexactitudes que pudieran existir en esta obra.

Finalmente indicar que se adjuntan algunas referencias bibliográficas usadas, reafirmando los derechos que les puedan corresponder y declinando cualquier responsabilidad, garantía, etc. consecuencia de la variación, desaparición , etc. de dichas fuentes de información, tanto en su totalidad como en parte de las mimas.

⊖⊙⊕

Campo Eléctrico y Magnético

1: carga eléctrica

Calcular la carga en unidades electroestáticas **(u.e.e)**, de una gotita de agua de $3*10^{-4}cm$ de radio, que se mantiene en el aire bajo la acción de un campo eléctrico vertical de **300v/m** siendo **1u.e.e=300v** de potencial.

SOLUCIÓN:

Sobre la gotita actúan dos fuerzas de igual dirección e intensidad pero de sentidos contrarios, éstas son:

$F_g = mg = dVg$ y $F_e = Eq$ con: $F_g = F_e$ $\Rightarrow$ $Eq = dVg$ $\Rightarrow$

$q = dV\dfrac{g}{E}$ además: $F = k\dfrac{q^2}{r^2}$ $\Rightarrow$ $k = F\dfrac{r^2}{q^2} = 9*10^9 Nw.m^2/C^2$ o también:

$k = 1 din.cm^2/u.e.e^2$ con lo que: $k = 9*10^9 * 10^5 * \dfrac{10^4}{C^2} = 9*10^{18} din.cm^2/C^2$

Así: $9*\dfrac{10^{18}}{C^2} = \dfrac{1}{u.e.e.^2}$ $1C = 3*10^9 u.e.e._q$ y como: $V = k\dfrac{q}{r}$ entonces:

$k = V\dfrac{r}{q} = 9*10^9 v.m/C = 9*10^9 v*\dfrac{10^2 cm}{3*10^9}$ así: $1u.e.e. = 300v$ como:

$E = 300v/m = 300*\dfrac{1/300}{10^{-2}} = 10^{-2} u.e.e/cm$ $\Rightarrow$ $q = dV\dfrac{g}{E}$ $\Rightarrow$

$q = 1*\dfrac{4}{3}\pi(3*10^{-4})^3 * \dfrac{980}{10^{-2}}$ $\Rightarrow$ $q = 1,11*10^{-7} u.e.e._q$

Nota: distinguir entre V potencial y V volumen de la gotita

2: intensidad de campo eléctrico

En el espacio comprendido entre dos láminas planas y paralelas, cargadas con cargas iguales y opuestas, existe un campo eléctrico uniforme.

Un electrón abandonado en reposo sobre la lámina opuesta, situada a **2cm** de distancia de la primera, alcanza ésta al cabo de $1,5*10^{-8}s$

Calcular:

a) La intensidad de campo eléctrico.

b) La velocidad del electrón cuando llega a la segunda lámina, sabiendo que la masa del electrón y su carga son:

$0,9*10^{-30} kg$ y $1,602*10^{-19} C$ respectivamente.

SOLUCIONES:

a)
$$Si\, d=2cm \Rightarrow d=\frac{1}{2}at^2 \Rightarrow a=\frac{2d}{t^2}=\frac{2*2*10^{-2}}{(1,5*10^{-8})^2}=\frac{16}{9}*10^{14} m/s^2$$
$$E=\frac{F}{q}=m\frac{a}{q}=\frac{0,9*10^{-30}*16*10^{14}}{1,602*10^{-19}*9} \Rightarrow E=10^3 v/m$$

b)
$$v_f=v_o+at \quad con: \quad v_o=0 \quad entonces:$$
$$v_f=at=\frac{16}{9}*10^{14}*1,5*10^{-8} \Rightarrow v_f=2,7*10^7 m/s$$

3: campos y potenciales eléctricos

Dos cargas puntuales: q_1 y q_2 de $+12*10^{-9}C$ y $-12*10^{-9}C$, están separadas por una distancia de **10cm**, como indica la figura siguiente.

Calcular los campos eléctricos y los potenciales debidos a estas cargas en lo puntos **a**, **b** y **c** de la figura.

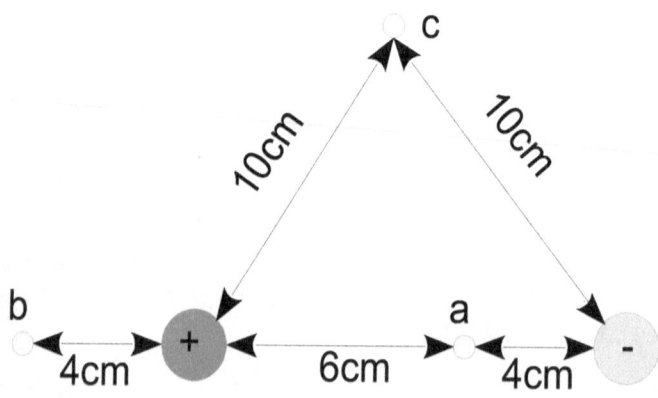

SOLUCIÓN:

$$V_a = V_{1a} + V_{2a} = k\left(\frac{q_1}{r} + \frac{q_2}{r'}\right) = 9*10^9 *\left(\frac{12*10^{-9}}{6*10^{-2}} + \frac{-12*10^{-9}}{4*10^{-2}}\right) \Rightarrow$$

V_a=900v *Y la fórmula inicial es fácilmente deducible de la figura*:

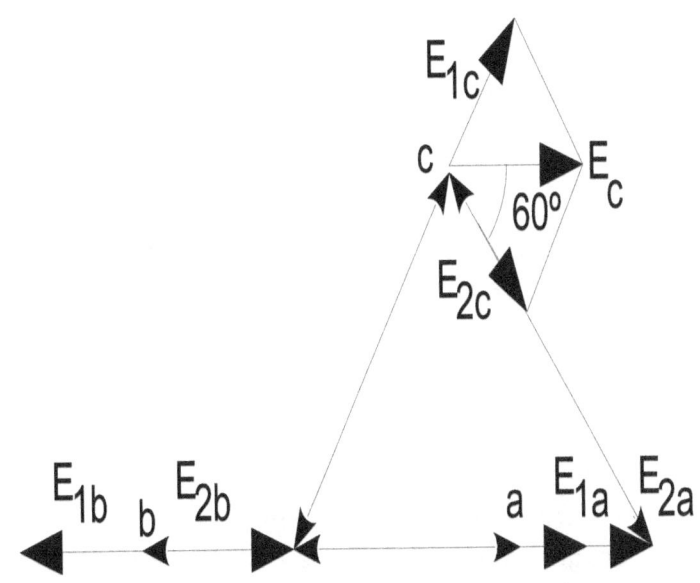

$$V_b = V_{1b} + V_{2b} = k\left(\frac{q_1}{r} + \frac{q_2}{r'}\right) = 9*10^9 *\left(\frac{12*10^{-9}}{4*10^{-2}} + \frac{-12*10^{-9}}{14*10^{-2}}\right) \quad y\ así:$$

V_b=1.928,57 v *y* ***V_c=0v*** *Por otra parte*:

$$\vec{E}_a = E_{a_x}\vec{i} = (E_{1a} + E_{2a})\vec{i} = 9*10^9 *\left(\frac{12*10^{-9}}{36*10^{-4}} + \frac{12*10^{-9}}{16*10^{-4}}\right)\vec{i} \quad y\ así:$$

$\vec{E}_a = 9{,}8*10^4\vec{i}\ Nw/C$

$$\vec{E}_b = E_{b_x}\vec{i} = (E_{2b} - E_{1b})\vec{i} = 9*10^9 *\left(\frac{12*10^{-9}}{14^2*10^{-4}} - \frac{12*10^{-9}}{16*10^{-4}}\right)\vec{i} \Rightarrow$$

$\vec{E}_b = 6{,}19*10^4\vec{i}\ Nw/C$

$$\vec{E}_c = \vec{E}_{1c} + \vec{E}_{2c} \quad y\ como: \quad E_{1x} = E_{2x} \quad y \quad E_{1y} = E_{2y} \quad entonces:$$

$$\vec{E}_c = 2E_{1x}\vec{i} = 2k\frac{q_1}{r^2}\cos 60°\,\vec{i} \quad y\ por\ lo\ tanto:$$

$\vec{E}_c = 1{,}08*10^4\vec{i}\ Nw/C$

4: intensidad y potencial campo eléctrico

Calcular la intensidad del campo eléctrico y el potencial en el punto **B** de la siguiente figura.

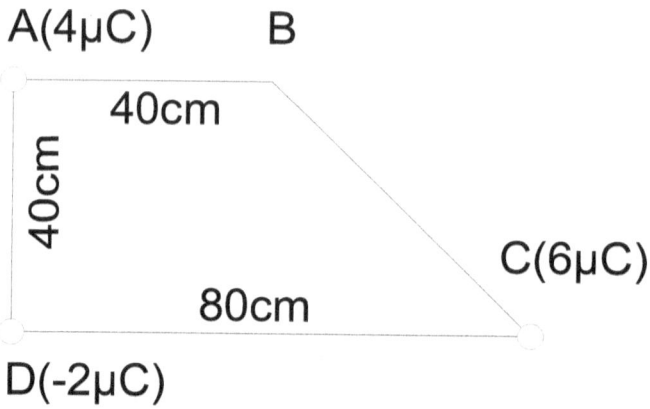

5: trabajo al transportar una carga

Tres cargas de: $3*10^{-9}C$, $4*10^{-9}C$ y $5*10^{-9}C$, se encuentran respectivamente en los vértices **A**, **B** y **C** de un triángulo rectángulo. Calcular el trabajo necesario para transportar una carga también puntual de $5*10^{-9}C$ desde el punto **D** al **E** del campo.

¿Qué fuerza es necesario ejercer sobre esta carga para que permanezca en reposo en este último punto? Ver la figura adjunta.

SOLUCIONES:

Si en la figura adjunta:

$\left.\begin{array}{l} q_1=3*10^{-9}C \\ q_2=4*10^{-9}C \\ q_3=5*19^{-9}C \end{array}\right\} \Rightarrow W_{DE}=\int_D^E \vec{F}\,d\vec{r}=\int_D^E q\vec{E}\,d\vec{r}$

Y por lo tanto:

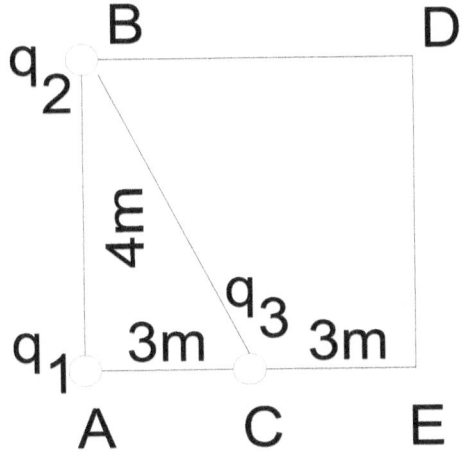

$$W_{DE} = \int_D^E q(-\overrightarrow{gradV})\,d\vec{r} = -q\int_D^E dV = q(V_D - V_E) \quad y\,como:$$

$$V_D = k\sum_D \frac{q_i}{r_i} = 9*10^9 \left(\frac{3*10^{-9}}{\sqrt{52}} + \frac{4*10^{-9}}{6} + \frac{5*10^{-9}}{5}\right) = 18,74\,v$$

$$V_E = k\sum_E \frac{q_i}{r_i} = 9*10^9 \left(\frac{3*10^{-9}}{6} + \frac{4*10^{-9}}{\sqrt{52}} + \frac{5*10^{-9}}{3}\right) = 24,49\,v \quad y\,así:$$

$$W_{DE} = 5*10^{-9}(18,74 - 24,49) \Rightarrow \boldsymbol{W_{DE} = -2,85*10^{-8}\,J} \quad por\,otro\,lado:$$

$$\vec{F}_E = \vec{F}_{AE} + \vec{F}_{BE} + \vec{F}_{CE} = F_{E_x}\vec{i} - F_{E_y}\vec{j} \quad donde:$$

$$F_{E_x} = F_A + F_C + F_B\cos\alpha \quad y \quad F_{E_y} = F_B\sin\alpha \quad ver\,esto\,en\,la\,figura\,siguiente:$$

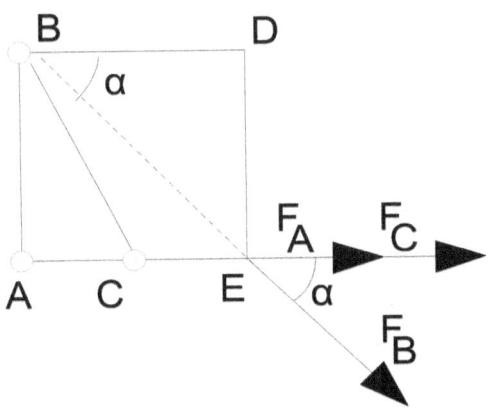

$Como \cos\alpha = \dfrac{6}{\sqrt{52}} \Rightarrow \alpha = 33,69°$

Por otra parte:

$$\left. \begin{array}{l} F_{E_x} = kq\left(\dfrac{q_1}{AE^2} + \cos\alpha \dfrac{q_2}{BE^2} + \dfrac{q_3}{CE^2}\right) \\ F_{E_y} = \dfrac{kq_1 q_2}{BE^2} \sin\alpha \end{array} \right\} \Rightarrow$$

$$\left. \begin{array}{l} F_{E_x} = 9*10^9 * 5*10^{-9}\left(\dfrac{3*10^{-9}}{36} + \dfrac{\cos 33,69° * 4*10^{-9}}{\sqrt{52}} + \dfrac{5*10^{-9}}{9}\right) = 1,1*10^{-9} \\ F_{E_y} = 9*10^9 * 4*10^{-9} * \dfrac{5*10^{-9} \sin 33,69°}{52} = 1,92*10^{-9} \end{array} \right\} \Rightarrow$$

$\vec{F}_E = 1,1*10^{-9}\vec{i} - 1,92*10^{-9}\vec{j}$

6: carga e intensidad de campo

Un alambre rectilíneo infinitamente largo, tiene una carga positiva uniforme λ por unidad de longitud.

Se necesita saber:

a) ¿Cuál es la carga **dQ** del elemento de longitud?.

b) ¿Cuál es la intensidad $d\vec{E}$ del campo eléctrico creado en el punto **P** que dista **a** de dicho alambre, por esta carga?.

c) Calcular el campo.

SOLUCIONES:

a) $Q = \lambda L \Rightarrow dQ = \lambda dL$ y como: $\lambda = constante \Rightarrow$ **dQ = λ dL**

b) Si las distancias se toman en el centro de la barra, entonces dE_x se anula pues se anulan los $d\vec{E}$ creados por dL y dL' (ver figura) y como:

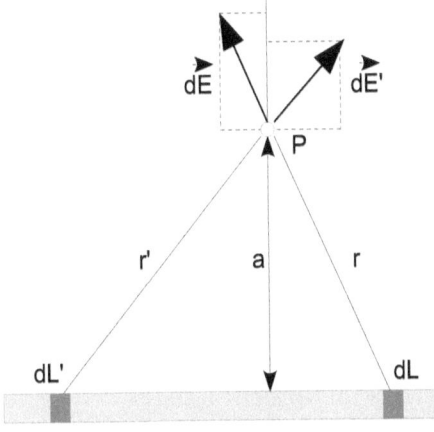

$2E_y\vec{j} = \vec{E} \;\Rightarrow\; \vec{E} = 2E_y\vec{j}$

En el caso de que **a** no esté tomada desde el punto medio de la barra, entonces:

$$d\vec{E} = dE_x\vec{i} + dE_y\vec{j}$$

c)
$E_y = \int dE_y = \int kdq \cos\dfrac{\Phi}{r^2} = k\lambda \int dL \cos\dfrac{\Phi}{r^2}$ $\quad y\,como:\quad L = a.\tan\Phi \;\Rightarrow$

$dL = a\dfrac{d\Phi}{\cos^2\Phi}$ $\quad y\,además:\quad r = \dfrac{a}{\cos\Phi} \;\Rightarrow\; r^2 = \dfrac{a^2}{\cos^2\Phi}$ $\quad entonces:$

$E_y = k\lambda \int \dfrac{\dfrac{a}{\cos^2\Phi}}{\dfrac{a^2}{\cos^2\Phi}} d\Phi \cos\Phi = \dfrac{k\lambda}{a}\int_0^{\Phi_1} \cos\Phi\, d\Phi = \dfrac{k\lambda}{a}(\sin\Phi)\Big|_0^{\Phi_1} \;\Rightarrow$

$E_y = k\lambda \sin\dfrac{\Phi_1}{a}$ $\quad y\,como:\quad \vec{E} = 2E_y\vec{j} \;\Rightarrow\; \vec{E} = 2\dfrac{k\lambda}{a}\sin\Phi_1\,\vec{j} \;\Rightarrow$

$$\vec{E} = 2\dfrac{k\lambda}{a} * \dfrac{L/2}{(L^2/4 + a^2)^{1/2}}\,\vec{j}$$

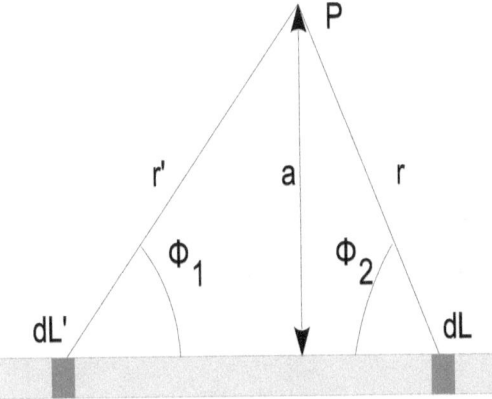

Falta considerar el caso:

$d\vec{E} = dE_x\vec{i} + dE_y\vec{j}$, que se resuelve igual que antes pero integrando entre Φ_1 y Φ_2 (ver figura adjunta)

7: aceleración de un electrón

Un electrón se sitúa en el punto **P(1,1,1)** de una región en la que existe un campo eléctrico cuyo potencial es $V=2x^2$

¿Con qué aceleración se moverá?. Tomar los datos en el sistema **CGS** y aportarlos en el sistema **Giorgi**.

SOLUCIÓN:

$\vec{E}=-\overrightarrow{gradV}=-(\frac{\partial V}{\partial x}\vec{i}+\frac{\partial V}{\partial y}\vec{j}+\frac{\partial V}{\partial z}\vec{k})=-4x\,\vec{i}\;u.e.e./cm=-12x10^4\vec{i}\;v/m$

$\vec{F}=\vec{E}q=m\vec{a}$ y como: $\vec{E}_{P(1,1,1)}=-12*10^4\vec{i}\;v/m$ entonces:

$\vec{a}=q\dfrac{\vec{E}}{m}=-1,602*10^{-19}*\dfrac{(-12*10^4)}{0,9*10^{-30}}\vec{i}$ ⇒ $a=2,136*10^{16}\;m/s^2$

8: suma potenciales y variación de energía

Dos gotas de agua aisladas, de radios: $r_1=0,5\,mm$ y $r_2=0,8\,mm$ tienen cargas eléctricas de: $q_1=40\,u.c.$ y $q_2=50\,u.c.$ del sistema **CGS**

¿Cuál es el potencial de la gota que se forma al reunirse las dos primeras?.

¿Qué variación de energía tiene lugar con ello?.

SOLUCIONES:

$\dfrac{4}{3}\pi r^3=\dfrac{4}{3}\pi(r_1^3+r_2^3)$ ⇒ $r_1^3+r_2^3=r^3$ ⇒ $r=\sqrt[3]{0,5^3+0,8^3}=0,87\,mm$

Que sería el radio de la gota, suma de las dos primeras. Por otro lado:

$V=k\dfrac{(q_1+q_2)}{r}=1*\dfrac{40+50}{0,87*10^{-1}}=1.046\,u.e.p$ ⇒ $V=3,14*10^5\,v$

$DE=E_{1+2}-(E_1+E_2)$ con: $E_{1+2}=E_x=\dfrac{1}{2}qV$ y por lo tanto:

$$DE = \frac{1}{2}qV - \frac{1}{2}q_1V_1 - \frac{1}{2}q_2V_2 \quad con: \quad V_1 = 1*\frac{40}{0,5*10^{-1}} \quad y \quad V_2 = 1*\frac{50}{0,8*10^{-1}}$$

$$DE = 0,5*(90*1.046 - \frac{40*1*40}{0,05} - \frac{50*1*50}{0,08}) \Rightarrow DE = 15.455 Erg$$

9: campo y potencial en una esfera

Una esfera conductora de **2cm** de radio, tiene una carga de **+100u.e.e**.

Calcular el potencial y la intensidad del campo eléctrico, en los puntos situados a los largo de una línea radial y a las siguientes distancias del centro de la esfera: **0, 1, 2, 3, 5 y 10cm**

Utilizar el sistema electrostático, en el cual:

$$\frac{1}{4\pi e_o} = 1 = k$$

¿Cuál es el potencial de la esfera en voltios?. Construir las gráficas del **V** y **E**, en función de la distancia al centro de la esfera desde **0** a **10cm**

SOLUCIONES:

Lo representamos gráficamente y aplicamos el Teorema de Gauss:

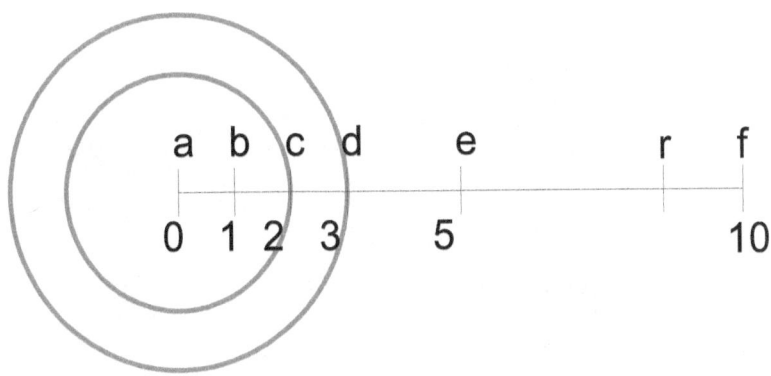

$$\oint_S EdS = \frac{q}{e_o} \quad y\,si: \quad E\,/\!/\,dS \quad \Rightarrow \quad \oint_S EdS = \frac{q}{e_o} = E\oint_S 4\pi r^2 = \frac{q}{e_o} = E4\pi r^2 \quad \Rightarrow$$

$$E = \frac{q}{4\pi e_o r^2} \quad y\,como\,la\,carga\,en\,el\,interior\,de\,una\,esfera\,conductora, es\,0 \quad \Rightarrow$$

$$\boldsymbol{E_a = E_b = 0}$$

$$E_f = \frac{1*100}{10^2} \quad \Rightarrow \quad \boldsymbol{E_f = 1 u.e.e./cm^2}$$

$$E_e = \frac{1*100}{5^2} \quad \Rightarrow \quad \boldsymbol{E_e = 4 u.e.e./cm^2}$$

$$E_d = \frac{1*100}{3^2} \quad \Rightarrow \quad \boldsymbol{E_d = 11,1 u.e.e./cm^2}$$

$$E_c = \frac{1*100}{2^2} \quad \Rightarrow \quad \boldsymbol{E_c = 25 u.e.e./cm^2}$$

Y así, la representación gráfica: **E − r** es la siguiente:

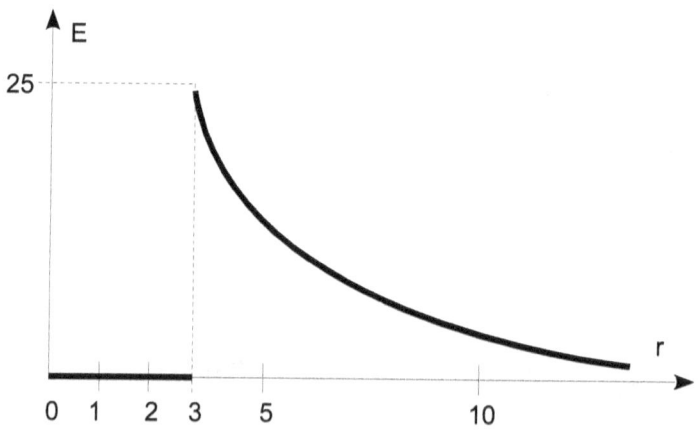

$$\vec{E} = -\overrightarrow{gradV} \quad \Rightarrow \quad \vec{E}*d\vec{r} = -dV \quad \Rightarrow \int_\infty^r \frac{kq}{r^2} dr = -\int_0^V dV \quad y\,así:$$

$$kq\int_\infty^r \frac{dr}{r^2} = -\int_0^V dV \quad \Rightarrow \quad V = kq/r \quad y\,por\,lo\,tanto, tenemos:$$

$V_f = 1*100/10 \quad \Rightarrow \quad V_f = 10 u.e.e. \quad \Rightarrow \quad \boldsymbol{V_f = 3.000v}$
$V_e = 1*100/5 \quad \Rightarrow \quad V_e = 20 u.e.e. \quad \Rightarrow \quad \boldsymbol{V_e = 6.000v}$
$V_d = 1*100/3 \quad \Rightarrow \quad V_d = 33,3 u.e.e. \quad \Rightarrow \quad \boldsymbol{V_d = 9.990v}$
$V_c = 1*100/2 \quad \Rightarrow \quad V_c = 50 u.e.e. \quad \Rightarrow \quad \boldsymbol{V_c = 1.500v}$

$V_a = V_b =$ constante   pues: $\int E dr = -\int dV$ Y como en el interior de una esfera conductora $E = 0$, entonces tenemos que:

$$-\int_{V_s}^{V_i} dV = 0 \Rightarrow V_s - V_i = 0 \Rightarrow V_i = V_s$$

Esto es: el potencial en el interior de una esfera es igual al potencial existente en la superficie de la misma.

Y así la representación: $V - r$ sería como sigue:

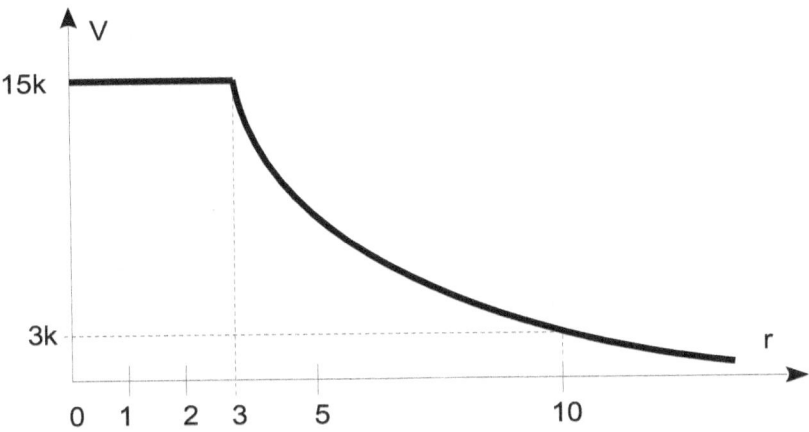

10: cálculo de la carga eléctrica

En el interior de una esfera de **20cm** de radio existe distribuida uniformemente una carga total **QC** Calcular la intensidad de campo eléctrico en los siguientes casos:

a) En el centro de la esfera.

b) En un punto situado a **10cm** del centro de la esfera.

c) En un punto de la superficie de la esfera.

d) En un punto situado a **50cm** del centro de la esfera.

SOLUCIONES:

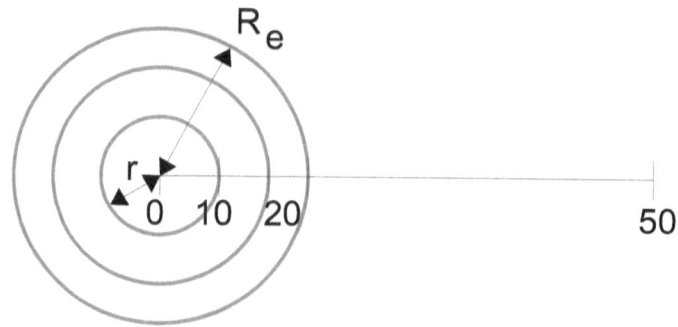

$$\oint_S E\,dS = \frac{q_i}{e_o} \quad y\,si: \quad E = constante \quad \Rightarrow \quad E\oint_S dS = \frac{q_i}{e_o} \quad \Rightarrow \quad ES = \frac{q_i}{e_o} \quad \Rightarrow$$

$$E = \frac{q_i}{4\pi r^2 e_o} \quad y\,como\,la\,densidad\,volúmica\,de\,carga\,es: \quad \rho = \frac{Q}{V} \quad \Rightarrow$$

$$\rho = \frac{Q}{\frac{4}{3}\pi R^3} = \frac{q_i}{\frac{4}{3}\pi r^3} \quad \Rightarrow \quad q_i = \frac{Qr^3}{R^3} \quad \Rightarrow \quad E = \frac{Qr^3}{4\pi r^2 R^3 e_o} = \frac{Qr}{4\pi e_o R^3} \quad \Rightarrow$$

$$E = kQ\frac{r}{e'R^3} \quad donde: \quad e' = \frac{e}{e_o} \quad por\,lo\,tanto \quad para: \quad r=0 \quad E=0$$

$Para\,r = 10cm \quad E = \dfrac{9*10^9 * Q * 0,1}{e' * 0,2^3} \quad \Rightarrow \quad E = 9*10^8 \dfrac{Q}{0,2^3} e' \; Nw/C$

$Para\,r = 20cm \quad E = 2,25*10^{11} Q/e' \; Nw/C$

$Para\,r = 50cm \quad E = 9*10^9 \dfrac{Q}{0,5^2} Nw/C \quad \left(E = \dfrac{Q}{4\pi e_o R_e^2}\right)$

11: constante dieléctrica

Entre dos superficies concéntricas de **10** y **12cm** de radio se establece una diferencia de potencial de **1.600v** Si se coloca entre ellas aceite, el potencial se reduce a **400v**

¿Cuál es la constante dieléctrica del aceite empleado?

¿Cuál es la energía del condensador antes y después de añadir el aceite?

Ejercicios de Física: 5 Campo Eléctrico y Magnético

SOLUCIONES:

$$\int_{r_1}^{r_2} E\,dr = \int_{V_1}^{V_2} -dV \Rightarrow kq\int_{r_1}^{r_2}\frac{dr}{r^2} = \int_{V_1}^{V_2} dV \Rightarrow V_1 - V_2 = kq\left(\frac{-1}{r}\right)\Big|_{r_1}^{r_2} \quad \text{así}$$

$$V_1 - V_2 = kq\left(\frac{1}{r_1} - \frac{1}{r_2}\right) = \frac{q}{4\pi e_o} * \frac{r_2 - r_1}{r_1 r_2} \quad y\ por\ lo\ tanto:$$

$$\left.\begin{array}{l} V_{vacio} = \dfrac{q}{4\pi e_o} * \dfrac{r_2 - r_1}{r_1 r_2} \\[2mm] V_{aceite} = \dfrac{q}{4\pi e} * \dfrac{r_2 - r_1}{r_1 r_2} \end{array}\right\} \Rightarrow \dfrac{V_{vacio}}{V_{aceite}} = \dfrac{e_e}{e_o} = e' \Rightarrow e' = 4$$

$$\left.\begin{array}{l} E_{antes} = \dfrac{1}{2}qV_{vacio} = V_{vacio}^2 \dfrac{r_1 r_2}{2k(r_2 - r_1)} \Rightarrow E_{antes} = 8{,}54 * 10^{-5}\,J \\[3mm] E_{después} = \dfrac{1}{2}qV_{aceite} = V_{aceite}\dfrac{r_1 r_2}{2k(r_2 - r_1)} \Rightarrow E_{después} = 2{,}13 * 10^{-5}\,J \end{array}\right\}$$

12: densidades superficiales de carga

Dos conductores esféricos de radios **5** y **8cm** están en contacto. La carga total de ambos es de $0{,}5\,\mu C$

Calcular las densidades superficiales de carga y el potencial de ambos conductores.

SOLUCIONES:

Al estar ambos conductores en contacto, sus respectivos potenciales han de ser iguales, por lo tanto:

$$\left.\begin{array}{l} V_1 = k\dfrac{q_1}{r_1} \\[2mm] V_2 = k\dfrac{q_2}{r_2} \\[2mm] V_1 = V_2 \end{array}\right\} \Rightarrow \dfrac{q_1}{r_1} = \dfrac{q_2}{r_2} \Rightarrow \dfrac{q_1}{5} = \dfrac{q_2}{8} \quad y\ como: \quad q_1 + q_2 = 0{,}5 * 10^{-6}\,C \Rightarrow$$

$q_2 = 3,1*10^{-7} C$ y $q_1 = 1,9*10^{-7} C$ y como la densidad superficial es: $s = \dfrac{q}{S}$

$\left. \begin{array}{l} s_2 = \dfrac{3,1*10^{-7}}{4\pi 0,082^2} \Rightarrow s_2 = 3,8*10^{-6} C/m^2 \\ s_1 = \dfrac{1,9*10^{-7}}{4\pi 0,05^2} \Rightarrow s_1 = 6,05*10^{-6} C/m^2 \end{array} \right\}$ y de esta manera :

$V_1 = 342 v$ y $V_2 = 348,75 v$

13: capacidad eléctrica

Calcular la capacidad de un par de cilindros coaxiales de radios **a** y **b** y de longitud **L**

SOLUCIÓN:

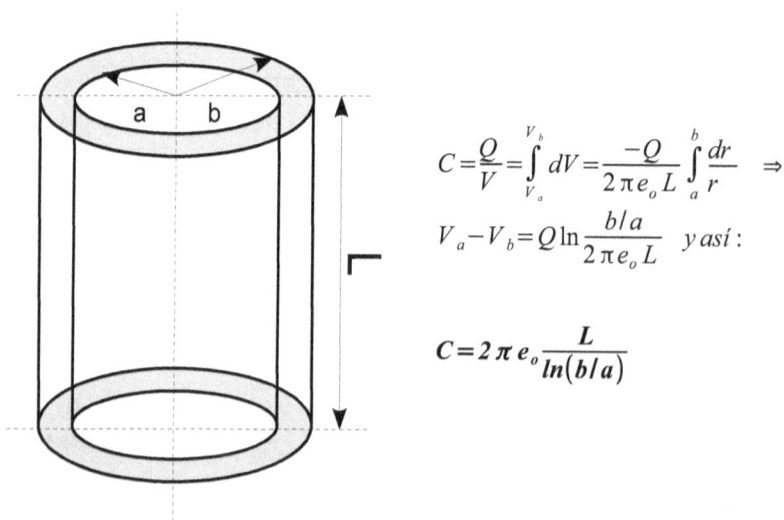

$$C = \dfrac{Q}{V} = \int_{V_a}^{V_b} dV = \dfrac{-Q}{2\pi e_o L} \int_a^b \dfrac{dr}{r} \Rightarrow$$

$$V_a - V_b = Q \ln \dfrac{b/a}{2\pi e_o L} \quad y \, así:$$

$$C = 2\pi e_o \dfrac{L}{\ln(b/a)}$$

14: capacidad, carga, energía y densidad

Un condensador se compone de dos láminas paralelas de **25cm²** de superficie, separadas **0,2cm**

El dieléctrico entre ellas tiene una constante **K=5** La diferencia de potencial entre las láminas es de **300v**

a) ¿Cuál es la capacidad del condensador?.
b) ¿Cuál es la carga sobre cada lámina?.
c) ¿Cuánto vale la energía del condensador cargado?.
d) ¿Cuál es el desplazamiento en el dieléctrico?.
e) ¿Cuánto vale su densidad de energía?.

15: potencial y capacidad de un cilindro

Un cilindro conductor tiene un radio **r** y una longitud **L**, siendo **L** mucho mayor que **r** estando cargado con una carga **Q**

Calcular el potencial y la capacidad.

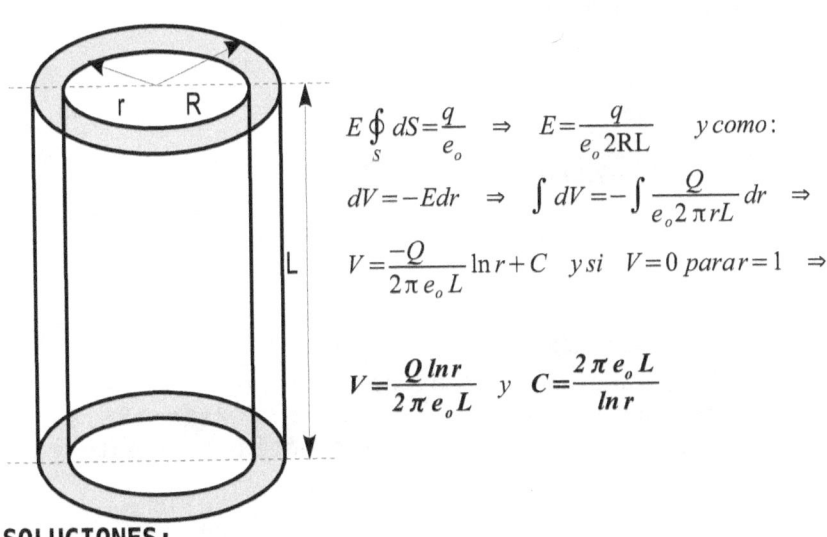

$$E \oint_S dS = \frac{q}{e_o} \Rightarrow E = \frac{q}{e_o 2RL} \quad y\ como:$$

$$dV = -E dr \Rightarrow \int dV = -\int \frac{Q}{e_o 2\pi rL} dr \Rightarrow$$

$$V = \frac{-Q}{2\pi e_o L} \ln r + C \quad y\ si \quad V = 0 \ para\ r = 1 \Rightarrow$$

$$V = \frac{Q \ln r}{2\pi e_o L} \quad y \quad C = \frac{2\pi e_o L}{\ln r}$$

SOLUCIONES:

16: potencial en condensador de alta tensión

Un condensador para alta tensión está formado por **180** láminas de vidrio, cuadradas, de **1,2m** de lado, de constante dieléctrica relativa **K=2** y de espesor **e=6mm** que separan **181** láminas metálicas unidas alternativamente entre si.

Este condensador se descarga fundiendo **0,25gr** de plomo de un fusible inicialmente a **20ºC**

La temperatura de fusión del plomo es **327ºC** su calor de fusión es **5,92cal/gr** y el calor específico **0,031 cal/gr.ºC**

Calcular la diferencia de potencial inicial entre las armaduras de tal condensador.

SOLUCIÓN:

$E = \frac{1}{2} CV^2 = (mc(t_f - t_i) + mL) * 4,18 \quad y\,como:$

$m = 0,25; \quad c = 0,031; \quad t_f = 237; \quad t_i = 20 \quad y \quad L = 5,98 \quad entonces:$

$E = (0,25 * 0,031 * (327 - 20) + 0,25 * 5,98) * 4,18 = 16,13 J \quad y\,además:$

$V = \frac{Qd}{eS} \quad y\,por\,otro\,lado: \quad E = \frac{1}{2} QV \quad por\,lo\,tanto:$

$V = \sqrt{\frac{2Ed}{eS}} \quad \Rightarrow \quad V = 6.515v$

17: carga de varios condensadores

Se dispone de **3** condensadores de $1,2\,y\,3\,\mu F$ Si unimos los dos primeros en paralelo y éstos en serie con el tercero y el conjunto se conecta a un potencial de **1.000v**

Calcular:

a) La carga del condensador.

b) El potencial del punto de unión de los tres condensadores.

SOLUCIONES:

$C_{1,2} = C_1 + C_2 = 3\mu F$ y por otra parte:

$\dfrac{1}{C_T} = \dfrac{1}{C_{1,2}} + \dfrac{1}{C_3}$ $\Rightarrow$ $C_T = \dfrac{3}{2}\mu F$ y de otro lado tenemos:

a) $Q_T = C_T V = \dfrac{3}{2}*10^{-6}*10^3 = \dfrac{3}{2}*10^{-3} C$ y como: $Q_T = Q_3 = Q_{1,2}$ $\Rightarrow$

$Q_3 = \dfrac{3}{2}*10^{-3} C$ con $Q_{1,2} = Q_T = Q_1 + Q_2$ y $\dfrac{Q_1}{C_1} = \dfrac{Q_2}{C_2}$ $\Rightarrow$

$Q_1 = 0,5*10^{-3} C$ y $Q_2 = 10^{-3} C$

b) $V = V_3 + V_{1,2}$ $\Rightarrow$ $V_3 = \dfrac{Q_3}{C_3} = \dfrac{3}{2}*\dfrac{10^{-3}}{3*10^{-6}} = 0,5*10^3 v$ $\Rightarrow$ $V = 500v$

18: campo creado por dos cargas eléctricas

Se tienen dos cargas eléctricas puntuales de $+2\mu C$ y $-5\mu C$ Calcular el campo y el potencial en los siguientes casos:

1) A **20cm** de la carga positiva, tomados en dirección de la recta que une las cargas y en el sentido desde la negativa a la positiva.

2) A **20cm** de la carga negativa, contados en igual dirección que la anterior, pero en sentido desde la positiva hacia la negativa.

3) ¿En qué punto de dicha recta el potencial es nulo?.

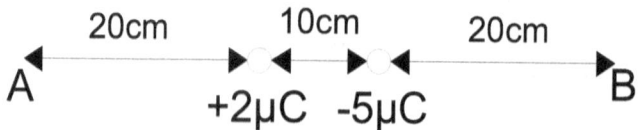

SOLUCIONES:

1)
$$\vec{E}_A = \vec{E}_+ + \vec{E}_- \quad donde:$$

$$E_+ = k\frac{q_+}{r_+^2} = \frac{9*10^9 * 2*10^{-6}}{0,2^2} = 4,5*10^5 \, Nw/C$$

$$E_- = k\frac{q_-}{r_-^2} = \frac{9*10^9 * 5*10^{-6}}{0,3^2} = 5*10^5 \, Nw/C$$

$$\Rightarrow E_A = E_+ - E_- \Rightarrow$$

$$E_A = 0,5*10^5 \, Nw/C$$

Por otro lado: $V_A = V_+ + V_-$ donde:

$$V_+ = k\frac{q_+}{r_+} = \frac{9*10^9 * 2*10^{-6}}{0,2} = 0,9*10^5 \, v$$

$$V_- = k\frac{q_-}{r_-} = \frac{9*10^9 *(-5)*10^{-6}}{0,3} = -1,5*10^5 \, v$$

$$\Rightarrow V_A = -0,6*10^5 \, v$$

2) Igualmente:

$$E_B = E_- - E_+ \Rightarrow E_B = 9,3*10^5 \, Nw/C$$

$$V_B = V_+ + V_- \Rightarrow V_B = -1,65*10^5 \, v$$

3) Sea C el punto donde $V=0$, que dista $x-0,1$ de la carga positiva, entonces:

$$V_C = 0 = V_+ + V_- = \frac{k*2*10^{-6}}{x-0,1} + \frac{k*(-5)*10^{-6}}{x} \Rightarrow \frac{2}{x-0,1} = \frac{5}{x} \Rightarrow$$

$$x = 0,17 \, m$$

Entonces el punto C está situado a 17 cm de la carga negativa y a 7 cm de la positiva.

19: fuerza sobre una carga

Dos cargas puntuales positivas e iguales están separadas por una distancia **2a**

Por el punto medio del segmento que las une, se traza un plano perpendicular al mismo.

El lugar de los puntos en que la fuerza sobre una carga puntual situado en el plano es máxima, es una circunferencia.

Calcular el radio de esta circunferencia.

SOLUCIÓN:

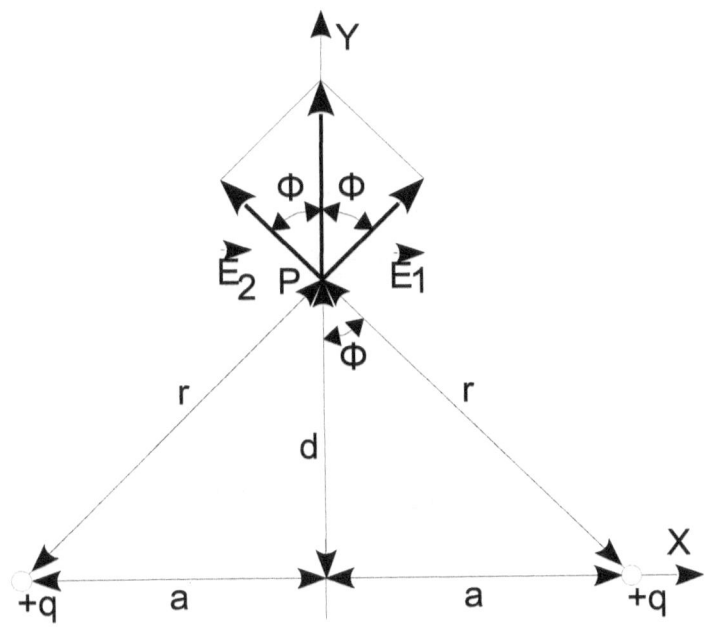

$\vec{E} = \vec{E}_1 + \vec{E}_2$ donde: $E_1 = E_2 = \dfrac{kq}{a^2 + d^2}$ $\Rightarrow$ $E_x = E_{1x} + E_{2x}$ $\Rightarrow$

$\left. \begin{array}{l} E_x = E_1 \sin \Phi - E_2 \sin \Phi = 0 \\ E_y = E_1 \cos \Phi + E_2 \cos \Phi = 2 E_1 \cos \Phi \\ \cos \Phi = \dfrac{d}{\sqrt{a^2 + d^2}} \end{array} \right\}$ $\Rightarrow$ $E = \dfrac{2kqd}{\sqrt[3/2]{a^2 + d^2}}$

Y para que la fuerza se máxima debe suceder que:
$$\frac{dE}{dd}=0 \Rightarrow$$

$$\frac{d}{dd}\left(\frac{d}{(a^2+d^2)^{3/2}}\right)=0 \quad y\ por\ lo\ tanto: \quad \frac{\sqrt[3/2]{a^2+d^2}-\frac{3}{2}\sqrt{a^2+d^2}\,2dd}{(a^2+d^2)^3}=0 \Rightarrow$$

$$(a^2+d^2)-3d^2=0 \Rightarrow d=\frac{a}{\sqrt{2}} \Rightarrow R=\frac{a}{\sqrt{2}}$$

20: intensidad de campo y trabajo

En la figura siguiente:

$q_A = -2\mu C \ \ y \ \ q_B = q_C = +1\mu C$

Calcular:

a) La intensidad del campo eléctrico en los puntos **P** y **Q**

b) El trabajo necesario para trasladar una carga de $+3\mu C$ desde **Q** a **P**

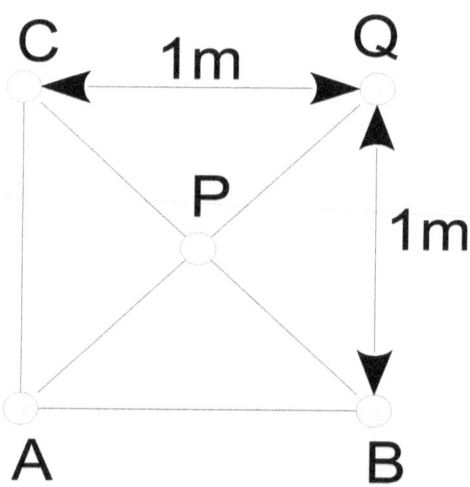

Ejercicios de Física: 5 Campo Eléctrico y Magnético

SOLUCIONES:

a)
$$\vec{E} = \vec{E}_1 + \vec{E}_2 + \vec{E}_3 \quad con: \quad E_B + E_C = 0 \quad además:$$

$$E_P = E_3 = k\frac{q_A}{r^2} = \frac{9*10^9 * 2*10^{-6}}{(\sqrt{2}/2)^2}$$

$$E_P = 36*10^3 \, Nw/C$$

$$E_Q = |\vec{E}_1 + \vec{E}_2| - E_3 \quad con: \quad |\vec{E}_1 + \vec{E}_2| = \sqrt{2}\, E_1$$

Además, como: $E_1 = E_2$, Entonces:

$$\left.\begin{array}{l} E_1 = k\dfrac{q_B}{r_1^2} = 9*10^9 * \dfrac{10^{-6}}{1^2} = 9*10^3 \, Nw/C \\[1em] E_3 = k\dfrac{q_A}{r_3^2} = 9*10^9 * \dfrac{2*10^{-6}}{2} = 9*10^3 \, Nw/C \end{array}\right\} \Rightarrow E_Q = 3,73*10^3 \, Nw/C$$

Donde la dirección del vector $\vec{E}_Q$ es de A hasta Q

b) $T = q(V_Q - V_P)$ donde V_Q y V_P son los potenciales creados por las tres cargas.

* En el punto Q:

$$\left.\begin{array}{l} V_1 = V_2 = k\dfrac{q_B}{r_1} = \dfrac{9*10^9 * 10^{-6}}{1} = 9*10^3 \, v \\[1em] V_3 = k\dfrac{q_A}{r_3} = \dfrac{9*10^9 * (-2)*10^{-6}}{\sqrt{2}} = -9\sqrt{2}*10^3 \, v \end{array}\right\} \Rightarrow V_Q = 5,27*10^3 \, v$$

* En el punto P:

$$\left.\begin{array}{l} V'_1 = V'_2 = k\dfrac{q_B}{r'_1} = \dfrac{9*10^9 * 10^{-6}}{\sqrt{2}/2} = 9\sqrt{2}*10^3 \, v \\[1em] V'_3 = k\dfrac{q_A}{r'_3} = \dfrac{9*10^9 * (-2)*10^{-6}}{\sqrt{2}/2} = -18\sqrt{2}*10^3 \, v \end{array}\right\} \Rightarrow V_P = 2V'_1 + V'_3 = 0$$

Así: $T = q(V_Q - V_P) 3*10^{-6} * 5,27*10^3 \, C.v \Rightarrow \boldsymbol{T = 1,5*10^2 \, J}$

21: velocidad y energía cinética partícula

Una partícula α es acelerada mediante una diferencia de potencial de 10^5 **voltios**.

Si parte del reposo, ¿qué velocidad y qué energía cinética adquiere la partícula?.

SOLUCIÓN:

$\alpha \equiv {}^4He$ y por lo tanto : $m_\alpha = 4,003*10^{-27}*1,660\,kg$ y además :

$q_\alpha = 2*1,602*10^{-19}C$ lo cual se debe a que el peso atómico del ${}^4He$ es $4,003\,u.m.a.$ y donde: $1\,u.m.a. = 1,660*10^{-27}kg$

$T = DE_c = qDV \Rightarrow qDV = \frac{1}{2}mv^2 - \frac{1}{2}mO^2 = 2*1,602*10^{-19}*10^5 \Rightarrow$
$E_c = 3,204*10^{-14}J = 2*10^5\,eV$

$v = \sqrt{2q\dfrac{DV}{m}} \Rightarrow v = \sqrt{9,643*10^{12}}$ y de esta manera :
$v = 3,105*10^6\,m/s = 1,178*10^7\,km/h$

22: potencial y carga de unas esferas

Dos esferas metálicas de radios **6** y **9cm** se cargan con $10^{-6}C$ cada una y luego se unen con un hilo conductor de capacidad despreciable.

Calcular:

1) El potencial de cada esfera aislada.

2) El potencial de cada esfera cuando están en contacto.

3) La carga de cada esfera después de la unión y la cantidad de electricidad que circuló por el hilo.

SOLUCIONES:

El potencial de una esfera viene dado por la expresión:

$V = k\dfrac{q}{R}$ y por lo tanto:

1) $\left.\begin{array}{l} V_1 = \dfrac{9*10^9*10^{-6}}{0,06} \\ V_2 = \dfrac{9*10^9*10^{-6}}{0,09} \end{array}\right\} \Rightarrow V_1 = 1,5*10^5 v$ y $V_2 = 10^5 v$

Donde V_1 y V_2 son los potenciales de esferas de 6 y 9 cm respectivamente.

2) Al unir las dos esferas, el conjunto esferas + conductor, tendrá un potencial constante y para ello variará la carga de las esferas hasta alcanzar valores de q_1 y $q_2 C$, dándose que:

$$V = k\dfrac{q_1}{R_1} = k\dfrac{q_2}{R_2} \text{ de donde}: q_1 R_2 = q_2 R_1$$

Por otra parte la carga total es la misma antes y después de la unión y por lo tanto:

$q_1 + q_2 = 2*10^{-6} C \Rightarrow q_1 = 0,8*10^{-6}$ y $q_2 = 1,2*10^{-6} C$ y así:
$V = 1,2*10^5 v$

3) $q_1 = 0,8*10^{-6} C$ y $q_2 = 1,2*10^{-6} C$
Y la cantidad de electricidad es: $e = 1,2*10^{-6} - 10^{-6} \Rightarrow e = 0,2*10^{-6} C$

23: campo eléctrico en esferas concéntricas

Dos superficies esféricas concéntricas de radios **20** y **50 cm** están cargadas con: **+2** y **−4 μC** respectivamente:

Calcular el campo eléctrico y el potencial en los siguientes casos:

a) A **20 cm** del centro de las esferas.

b) A **35 cm**

c) A **60 cm**

SOLUCIONES:

a) En el interior de un conductor cargado en equilibrio, todos los puntos tienen igual potencial, siendo el campo eléctrico nulo. Para puntos que disten r<20cm del centro de las superficies esféricas, sucede lo anterior y así:

$$V_{20}=k\left(\frac{q_1}{r_1}+\frac{q_2}{r_2}\right)=9*10^9\left(\frac{2*10^{-6}}{0,2}+\frac{(-4)*10^{-6}}{0,50}\right) \Rightarrow V_{20}=18*10^3 v$$

b) Como un punto situado a 35cm del centro se encuentra en el interior del conductor esférico, cuyo radio es 50cm, entonces:

$$V_2=k\frac{q_2}{r_2}=\frac{9*10^9*(-4)*10^{-6}}{0,5}=-72*10^3 v$$

Pero además tal punto es también un punto exterior al conductor esférico cuyo radio es 20cm y por lo tanto:

$$V_1=k\frac{q_1}{r_1}=\frac{9*10^9*2*10^{-6}}{0,35}=51,43*10^3 v \quad \text{Entonces:}$$

$$V_{35}=V_1+V_2 \Rightarrow V_{35}=-20,57*10^3 v$$

c) En este caso se verifica que las superficies esféricas crean igual potencial, que considerando sus cargas en el centro, tenemos:

$$V_{60}=k\frac{q_1+q_2}{r}=\frac{9*10^9*(2-4)*10^{-6}}{0,60} \Rightarrow V_{60}=-30*10^3 v$$

24: densidad de carga

Calcular la intensidad de campo eléctrico en puntos interiores y exteriores a una esfera de radio **R** cuya carga está distribuida por una densidad de carga dada por:

$$\rho(r)=\frac{\rho}{r^2} \quad \text{donde} \quad \rho = constante$$

SOLUCIÓN:

Los potenciales y campos eléctricos creados tendrán simetría esférica.

Así, aplicando el Teorema de Gauss, tenemos:

$$\Phi_1 = \frac{q_1}{e_o} = \int_{S_1} E_1 dS = E_1 4\pi r_1^2 \quad con \quad q_1 = \int_{V_1} \rho(r) dV \quad y\,como:$$

$$dV = \frac{4}{3}\pi 3r^2 dr \quad y \quad q_1 = 4\pi \rho_o r_1 \quad entonces\,tenemos\,que:$$

$$E_1 = \frac{q_1}{4\pi e_o r_1^2} = \frac{4\pi \rho_o r_1}{4\pi e_o r_1^2} \Rightarrow E_1 = \frac{\rho_o}{e_o r_1} \quad (Para\,puntos\,interiores)$$

Análogamente para los puntos exteriores tendremos:

$$\Phi_2 = \frac{q_2}{e_o} = E_2 4\pi r_2^2 \quad con \quad q_2 = \int_0^R \rho(r)dV = 4\pi \rho R \Rightarrow$$

$$E_2 = \frac{\rho_o R}{e_o r_2^2}$$

25: capacidad y energía en un condensador

Un condensador formado por dos láminas paralelas de *150cm²* de superficie, cada una y separadas entre si *2mm* se carga con una diferencia de potencial de *1.000v*

Calcular:

1) La capacidad y energía almacenada en el condensador.

2) Si después de cargado, se llena el espacio inter laminar con un dieléctrico de constante dieléctrica **3** ¿Cuál será la nueva capacidad del condensador?.

3) En las condiciones del apartado 2), ¿cuál será la diferencia de potencial entre las placas?.

SOLUCIONES:

1) *La capacidad de un condensador plano viene dado por la expresión:*

$$C = e_o \frac{S}{d} = \frac{150*10^{-4}/2*10^{-3}}{4\pi 9*10^9} \Rightarrow \boldsymbol{C = 0{,}66*10^{-10} F}$$

$$E = \frac{1}{2}CV^2 = 0{,}5*0{,}66*10^{-10}*(10^3)^2 \Rightarrow \boldsymbol{E = 0{,}33*10^{-4} J}$$

2) $C' = e'C = 3*0{,}66*10^{-10} \Rightarrow \boldsymbol{C' = 1{,}98*10^{-10} F}$ donde e' es la constante dieléctrica relativa.

3) $q = CV = 0{,}66*10^{-10}*10^3 = 0{,}66*10^{-7} C \Rightarrow V' = \frac{q}{C}' = \frac{0{,}66*10^{-7}}{1{,}98*10^{-10}}$

Entonces: $\boldsymbol{V' = 330v}$

26: condensadores en paralelo y en serie

¿Cuántos condensadores de *1µF* de capacidad habrá que conectar en paralelo para almacenar $10^{-3} C$ de carga, con una diferencia de potencial de **10v** aplicada a cada uno de ellos?.

Si estos condensadores se conectan en serie y la diferencia de potencial en cada uno de ellos es de **10v**

Calcular la carga de cada uno y la diferencia de potencial existente entre los extremos de la combinación, así como la energía almacenada.

SOLUCIONES:

$q = CV = 10^{-6} * 10 = 10^{-5} C$ (carga de cada condensador) y por otro lado:

$n = \dfrac{Q_T}{q} = \dfrac{10^{-3}}{10^{-5}} \Rightarrow n = 100$

Al conectar en serie los 100 condensadores, la capacidad equivalente es:

$\dfrac{1}{C_T} = \sum_{i=1}^{100} \dfrac{1}{C_i} \Rightarrow C_T = 10^{-8} F$ y si cada uno de ellos tiene una diferencia de potencial de 10v, entonces, la diferencia de potencial en el sistema es:

$V = 1.000v$ por otra parte:

$q = CV = 10^{-8} * 100 \Rightarrow q = 10^{-5} C$ y la energía almacenada será:

$E = \dfrac{1}{2} CV^2 = 0,5 * 10^{-8} * (10^3)^2 \Rightarrow E = 0,5 * 10^{-2} J$

27: esquema de condensadores

En el esquema de la figura siguiente, la batería proporciona **12v** Encontrar la carga de cada condensador en los siguientes casos:

a) Cuando se cierra S_1 y no S_2

b) Cuando se cierran ambos interruptores.

Datos:

$C_1 = 1\mu F$; $C_2 = 2\mu F$; $C_3 = 3\mu F$; $C_4 = 4\mu F$ y $V_1 - V_2 = 12v$

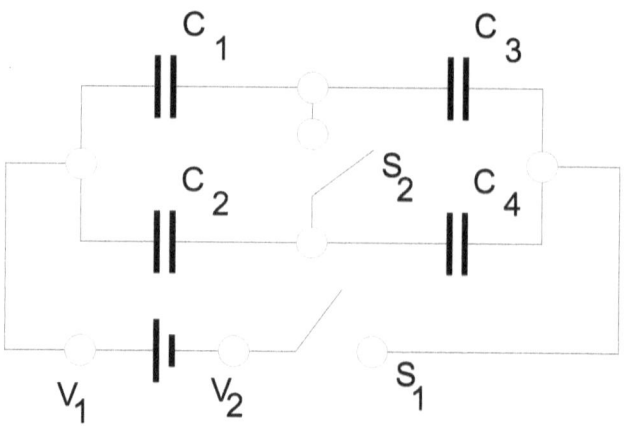

SOLUCIONES:

Al cerrar S_1 y al estar abierto S_2, entonces: $Q_1 = Q_3$ donde:

a) $\dfrac{1}{C_{1,3}} = \dfrac{1}{C_1} + \dfrac{1}{C_3} = \dfrac{4}{3}$ ⇒ $C_{1,3} = \dfrac{3}{4} * 10^{-6} F$ ⇒ $Q_{1,3} = 9*10^{-6} C$ y así:

$Q_1 = 9*10^{-6} C = Q_3$

Análogamente sucede con: C_2 y C_4 y por lo tanto:

$C_{2,4} = \dfrac{4}{3} * 10^{-6} F$ ⇒ $Q_{2,4} = Q_2 = Q_4 = C_{2,4}(V_1 - V_2)$ ⇒ $Q_2 = Q_4 = 16*10^{-6} C$

Al cerrar S_1 y S_2, sucede que:

b) $\left. \begin{array}{l} C_{1,2} = C_1 + C_2 = 3*10^{-6} F \\ C_{3,4} = C_3 + C_4 = 7*10^{-6} F \end{array} \right\}$ ⇒ $\dfrac{1}{C_T} = \dfrac{1}{C_{1,2}} + \dfrac{1}{C_{3,4}}$ ⇒ $C_T = 2,1*10^{-6} F$

Así: $Q_T = 2,1*10^{-6} * 12 = 25,20*10^{-6} C$ así el circuito queda como:

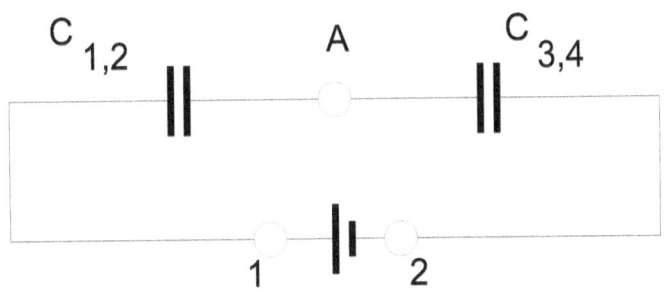

Donde $V_1 - V_A = \dfrac{Q_T}{C_{1,2}} = 8,40\,v$ y $V_A - V_2 = \dfrac{Q_T}{C_{3,4}} = 360v$ por lo tanto:

$$\left.\begin{array}{l} Q_1 = C_1(V_1 - V_A) \Rightarrow Q_1 = 8,40*10^{-6}\,C \\ Q_2 = C_2(V_1 - V_A) \Rightarrow Q_2 = 16,80*10^{-6}\,C \\ Q_3 = C_3(V_A - V_2) \Rightarrow Q_3 = 10,80*10^{-6}\,C \\ Q_4 = C_4(V_A - V_2) \Rightarrow Q_4 = 14,40*10^{-6}\,C \end{array}\right\}$$

28: fuerza entre cargas puntuales

Tres cargas puntuales de $-3*10^{-9}\,C$ están situadas en los vértices **A, B** y **C** de un cuadrado de 0,40m de lado.

Calcular la fuerza resultante ejercida sobre una cuarta carga puntual de $10^{-9}\,C$ situada en:

   a) El vértice **D**

   b) En el centro del cuadrado.

SOLUCIONES:

a) $F = 3,21*10^{-7}\,Nw$ (dirigida según la diagonal)

b) $\vec{F} = 2,38*10^{-7}\,\vec{i} + 2,38*10^{-7}\,\vec{j}\,Nw$

29: carga suministrada a cargas puntuales

Dos masas puntuales de **5gr** están suspendidas de sendos hilos, no conductores, colgados de igual punto. Se suministra a cada una igual cantidad de carga, con lo que cada hilo pasa a formar ángulos de **30º** con la vertical.

Calcular el valor de la carga suministrada, sabiendo que la longitud del hilo es de **1m**

SOLUCIÓN:

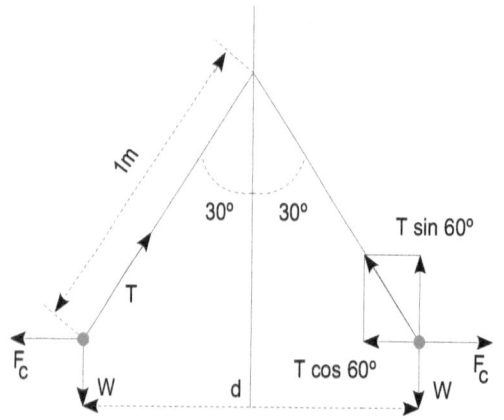

Las fuerzas que intervienen en el fenómeno son las representadas en la figura.

$$d = 2*1*\cos 60° = 1m$$

Para darse el equlibrio, ha de suceder que:
$$\sum F = 0$$
Y por lo tanto:

$$\left. \begin{array}{l} F_c - T\cos 60° = 0 \\ T\sin 60° - W = 0 \\ F_c = k\dfrac{qq}{d^2} = 9*10^9 * q^2 \end{array} \right\} \Rightarrow \dfrac{\sin 60°}{\cos 60°} = \dfrac{mg}{F_c} \Rightarrow \tan 60° = \dfrac{mg}{9*10^9 * q^2} \quad Así:$$

$$q^2 = \dfrac{9,8 * 5 * 10^{-3}}{9*10^9 \tan 60°} \Rightarrow q = 3,15*10^{-6} C$$

30: campo eléctrico creado por dos cargas

Calcular el campo eléctrico creado por dos cargas de: $15*10^{-9} C$ situadas en el punto **(-3,0)** y la otra de $-15*10^{-9} C$ situada en el punto **(3,0)** sobre los puntos siguientes:

Ejercicios de Física: 5 Campo Eléctrico y Magnético

a) Punto **(0,0)**

b) Punto **(0,4)**

Nota: Las coordenadas de los puntos están en metros.

SOLUCIONES:

En el punto $(0,0)$, el campo vendrá dado por: $\vec{E}=\vec{E}_1+\vec{E}_2$, en donde:

a) $\vec{E}_1=\dfrac{9*10^9*15*10^{-9}}{3^2}\vec{i}=15\,\vec{i}\ Nw/C=\vec{E}_2$ así y viendo la siguiente figura:

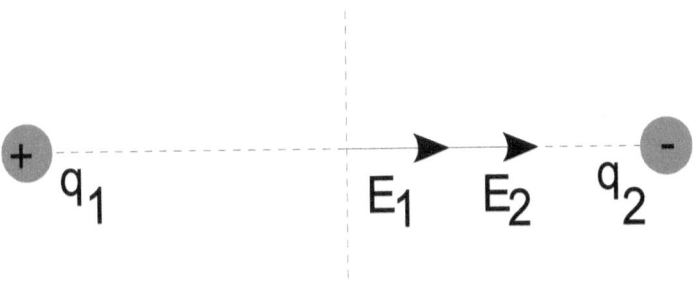

Se deduce que: $\vec{E}=15\,\vec{i}+15\,\vec{i} \Rightarrow \vec{E}=30\,\vec{i}\ Nw/C$

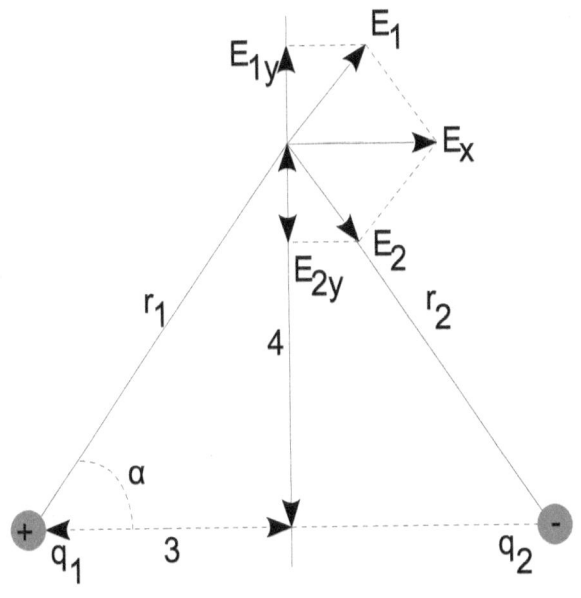

b) En la figura anterior vemos el efecto de las tres cargas.

$$r_1 = r_2 = \sqrt{3^2 + 4^2} = 5; \quad \sin\alpha = \frac{4}{5} \quad y \quad \cos\alpha = \frac{3}{5} \quad y\ así:$$

$$\left.\begin{array}{l} \vec{E}_1 = E_{1x}\vec{i} + E_{1y}\vec{j} = k\left(\dfrac{q_1 \cos\alpha}{r_1^2}\vec{i} + \sin\alpha\,\vec{j}\right) \\[2ex] \vec{E}_2 = E_{2x}\vec{i} - E_{2y}\vec{j} = k\left(\dfrac{q_2 \cos\alpha}{r_2^2}\vec{i} - \dfrac{q_2 \sin\alpha}{r_2^2}\vec{j}\right) \end{array}\right\} \Rightarrow$$

$$\vec{E} = \vec{E}_1 + \vec{E}_2 = (E_{1x} + E_{2x})\vec{i} + (E_{1y} - E_{2y})\vec{j} = E_x\vec{i} + E_y\vec{j} \quad y\ como:$$

$$\left.\begin{array}{l} E_{1x} = k\dfrac{15*10^{-9}*3}{5^3} \\[2ex] E_{2x} = E_{1x} \\ E_{1y} - E_{2y} = 0 \end{array}\right\} \Rightarrow E_{1y} = E_{2y} = 9*10^9*15*10^{-9}*\dfrac{4}{5^3} \quad así:$$

$$\vec{E} = 2E_{1x}\vec{i} = 2*9*10^9*15*10^{-9}*\frac{3}{5^3}\vec{i} \Rightarrow$$

$$\vec{E} = 6,48\,\vec{i}\ Nw/C$$

31: intensidad de campo en un anillo

Un anillo conductor de radio **15cm** tiene una carga de $10*10^{-9}C$ uniformemente distribuida por todo el conjunto.

Calcular la intensidad del campo creado en puntos del eje del anillo que distan **0,5, 10** y **20cm** de su centro.

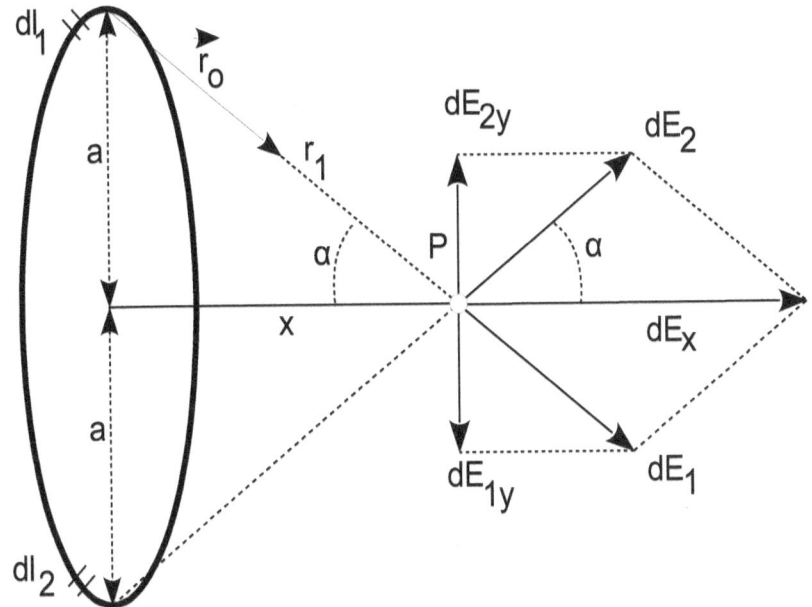

SOLUCIÓN:

$d\vec{E}_1 = kdq\dfrac{\vec{r}_o}{r_1^2}$ y $d\vec{E}_x = kdq\cos\alpha\dfrac{\vec{i}}{r_1^2}$ ⇒   *Así el campo resultante a distancia x, del centro del anillo será de la forma*:

$$\vec{E} = \int d\vec{E}_x = k\int \dfrac{1}{a^2+x^2} * \dfrac{1}{\sqrt{a^2+x^2}} x\vec{i}\, dq \Rightarrow$$

$$\vec{E} = x\dfrac{q\vec{i}}{4\pi e_o} * \dfrac{1}{\sqrt[3/2]{a^2+x^2}}$$ *y entonces tenemos que*:

* *Para* $x=0$ ⇒ $\cos\alpha = 0$ ⇒ $\vec{E} = 0$
* *Para* $x=5$ ⇒ $\vec{E} = 9*10^9 * 5*10^{-2} * 10 * \dfrac{10^{-9}}{10^{-6}} * (15^2 + 5^2)^{-3/2}\vec{i}$ ⇒

$\vec{E} = 1.140\,\vec{i}\; Nw/C$

* *Para* $x=10$: $\vec{E} = 1.356\,\vec{i}\; Nw/C$
* *Para* $x=20$: $\vec{E} = 1.152\,\vec{i}\; Nw/C$

32: componente del campo eléctrico

El potencial de un campo eléctrico viene dado por $V = x^2 y + 2xyz^2$. Calcular la componente del campo eléctrico en la dirección de la recta que une los puntos:

(4,-1,0) y **(2,3,-4)**

SOLUCIÓN:

$$E_r = \frac{2}{3}(xy + yz^2 - x^2 - 2xz^2 + 4xyz)$$

33: Ley de Coulomb y campo conservativo

A partir de la **Ley de Coulomb** y de la definición de campo eléctrico, demostrar que éste es conservativo y calcular el potencial del que deriva.

SOLUCIONES:

$$\vec{F} = kqq' \frac{\vec{r}}{r^3} \quad y \quad \vec{E} = \frac{\vec{F}}{q'} = kq \frac{\vec{r}}{r^3} \quad con: \quad \vec{r} = x\vec{i} + y\vec{j} + z\vec{k} \quad y\, con:$$

$$r = \sqrt{x^2 + y^2 + z^2} \quad entonces: \quad \vec{E} = kq \frac{x\vec{i} + y\vec{j} + z\vec{k}}{\sqrt[3/2]{x^2 + y^2 + z^2}} \quad y\, además:$$

$$rot\,\vec{E} = \begin{vmatrix} \vec{i} & \vec{j} & \vec{k} \\ \dfrac{\partial}{\partial x} & \dfrac{\partial}{\partial y} & \dfrac{\partial}{\partial z} \\ \dfrac{x}{r^3} & \dfrac{y}{r^3} & \dfrac{z}{r^3} \end{vmatrix} = 0 \quad pues:$$

$$rot\,\vec{E} = \left(\frac{(-3/2)*2zy}{(x^2+y^2+z^2)^{5/2}} + \frac{(3/2)*2zy}{(x^2+y^2+z^2)^{5/2}}\right)\vec{i} +$$

$$+ \left(\frac{(-3/2)*2xz}{(x^2+y^2+z^2)^{5/2}} + \frac{3/2}{(x^2+y^2+z^2)^{5/2}}\right)\vec{j} +$$

$$+ \left(\frac{(-3/2)*2xy}{(x^2+y^2+z^2)^{5/2}} + \frac{(3/2)*2xy}{(x^2+y^2+z^2)^{5/2}}\right)\vec{k} = 0$$

Así el campo eléctrico **es irrotacional y conservativo.** Por otra parte, tenemos que:

$$\vec{E}=kq\frac{\vec{r}}{r^3} \Rightarrow \vec{E}=-\overline{gradV}=\frac{-dV}{d\vec{r}} \Rightarrow -dV=\vec{E}*d\vec{r} \quad y\ así:$$

$$V=\int -\vec{E}*d\vec{r}=kq\int \vec{r}*d\frac{\vec{r}}{r^3}=-kq\int \frac{dr}{r^2} \Rightarrow V=k\frac{q}{r}+constante \quad y:$$

Tomando el origen de potencial, cuando $r=\infty$, entonces la constante de integración se anula y por lo tanto: $V=k\dfrac{q}{r}$

34: carga, energía, potencial en condensadores

Cuatro condensadores de 12, 8, 8 y 6 μF están conectados en serie a una red de **20v**

Calcular:

a) La carga de cada uno de ellos.

b) La energía del condensador equivalente y la de cada uno de ellos.

c) La diferencia de potencial entre sus respectivas armaduras.

SOLUCIONES:

a) *Al estar en serie se cumple que*: $\dfrac{1}{C_T}=\dfrac{1}{C_1}+\dfrac{1}{C_2}+\dfrac{1}{C_3}+\dfrac{1}{C_4} \Rightarrow$

$C_T=2\mu F \Rightarrow q=CV=2*10^{-6}*20 \Rightarrow$ **q=40 μC**

$$W_T=\frac{1}{2}C_T V^2=0,5*2*10^{-6}*20^2 \Rightarrow W_T=4*10^{-4}J$$

b) * *Para el de* **12 μF**: $\left(W=\dfrac{q^2}{2C}\right)$

$$W=\frac{0,5*(40*10^{-6})^2}{12*10^{-6}} \Rightarrow W=66,66*10^{-6}J$$

* **Para los de $8\mu F$:**
$W = 0,5*(40*10^{-6})^2/(8*10^{-6})$ ⇒ $W = 10^{-4} J$

* **Para el de $6\mu F$:**
$W = 0,5*(40*10^{-6})^2/(6*10^{-6})$ ⇒ $W = 133,33*10^{-6} J$

c)
$V = \dfrac{q}{C}$ y por lo tanto tenemos que:

$V_{12} = \dfrac{40*10^{-6}}{12*10^{-6}}$ ⇒ $V_{12} = 3,33 v$

$V_8 = \dfrac{40*10^{-6}}{8*10^{-6}}$ ⇒ $V_8 = 5v$

$V_6 = \dfrac{40*10^{-6}}{6*10^{-6}}$ ⇒ $V_6 = 6,66 v$

35: capacidad y energía en condensadores

En el circuito siguiente, donde la capacidad de los condensadores está en μF Calcular:

a) La capacidad total del sistema.

b) Si el voltaje de la red es de **20v** la carga del condensador de $4\mu F$

c) La diferencia de potencial entre **a** y **b**

d) La energía total del circuito.

SOLUCIONES:

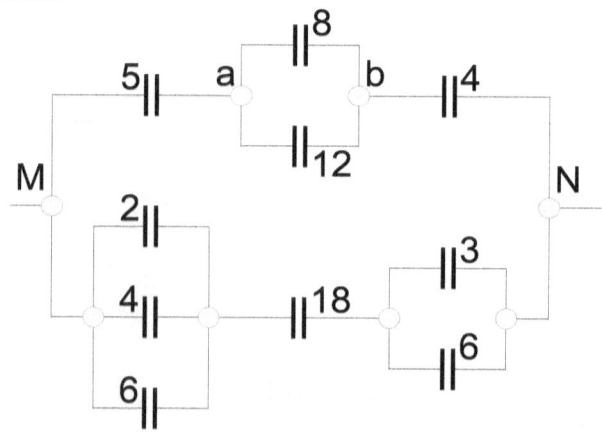

$C_{12,8}=C_{12}+C_8=20\mu F$

$\dfrac{1}{C_{5,12,8,4}}=\dfrac{1}{C_5}+\dfrac{1}{C_{12,8}}+\dfrac{1}{C_4}=2\mu F=C_S;\quad C_{2,4,6}=C_2+C_4+C_6=12\mu F\quad y:$

a) $\dfrac{1}{C_{2,4,6,18,3,6}}=\dfrac{1}{C_I}=\dfrac{1}{C_{2,4,6}}+\dfrac{1}{C_{18}}+\dfrac{1}{C_{3,6}}=4\mu F\quad con\quad C_T=C_S+C_I\ \Rightarrow$

$C_T = 6\ \mu F$

b) *Tendrá igual carga que la rama superior, por lo tanto:*
$q=C_S V_{MN}=2*20\ \Rightarrow\ q=40\ \mu C$

c) $V_{ab}=\dfrac{q}{C_{ab}}=\dfrac{40*10^{-6}}{20*10^{-6}}\ \Rightarrow\ V_{ab}=2v$

d) $W=\dfrac{1}{2}CV^2=0{,}5*6*10^{-6}*20^2\ \Rightarrow\ W=1{,}2*10^{-3}J$

36: potencial y energía en 3 condensadores

Tres condensadores de *2, 4 y 6 μF* se cargan bajo diferencias de potencial de *5, 20* y *15v* respectivamente.

Los condensadores cargados son conectados con las armaduras del mismo signo unidas.

Calcular:

a) La diferencia de potencial entre las armaduras de cada condensador.

b) La carga final de cada condensador.

c) La variación de energía total del sistema.

SOLUCIONES:

Antes de la conexión se cumple que:

a)
$$Q_1 = C_1 V_1 = 2*10^{-6}*5 = 10*10^{-6} C$$
$$Q_2 = C_2 V_2 = 4*10^{-6}*20 = 80*10^{-6} C$$
$$Q_3 = C_3 V_3 = 6*10^{-6}*15 = 90*10^{-6} C$$
$$C_1 V + C_2 V + C_3 V = Q_1 + Q_2 + Q_3 \Rightarrow V = 15v$$

La carga final de cada condensador ahora será:

b)
$$Q_1' = 2*10^6 * 15 \Rightarrow Q_1' = 30 \mu C$$
$$Q_2' = 4*10^6 * 15 \Rightarrow Q_2' = 60 \mu C$$
$$Q_3' = 6*10^6 * 15 \Rightarrow Q_3' = 90 \mu C$$

c)
$$DW = W_f - W_i \quad con:$$
$$W_i = \frac{1}{2}*(C_1 V_1^2 + C_2 V_2^2 + C_3 V_3^2) = 1,5*10^{-3} J$$
$$W_f = \frac{1}{2}*(C_1 V_1'^2 + C_2 V_2'^2 + C_3 V_3'^2) = 1,35*10^{-3} J$$
$$DW = -0,15*10^{-3} J$$

37: potencial y carga en 2 condensadores

Dos condensadores de **5 y 10 μF** se cargan bajo diferencias de potencial de **10** y **20v** respectivamente. Los condensadores cargados se conectan con las armaduras de distinto signo unidas.

Calcular:

a) La diferencia de potencial entre las armaduras de cada condensador.

b) La carga de cada condensador.

c) Las energías inicial y final.

SOLUCIONES:

Las cargas, debido al contacto de ambos condensadores, se repartirán por ellos hasta que los potenciales de ambos sean iguales y así:

a) $\left.\begin{array}{l} q_1 = C_1 V_1 = 5*10^{-6}*10 = 50*10^{-6} C \\ q_2 = C_2 V_2 = 10*10^{-6}*20 = 200*10^{-6} C \end{array}\right\} \Rightarrow q_T = q_1 + q_2 = 50 - 200 \Rightarrow$

$q_T = -150*10^{-6} C$ y como: $C_1 V + C_2 V = q \Rightarrow$

$5*10^{-6} V + 10*10^{-6} V = 150*10^{-6} \Rightarrow \boldsymbol{V = 10v}$

b) $\left.\begin{array}{l} q'_1 = C_1 V = 5*10^{-6}*10 \Rightarrow \boldsymbol{q'_1 = 50 \mu C} \\ q'_2 = C_2 V = 10*10^{-6}*10 \Rightarrow \boldsymbol{q'_2 = 100 \mu C} \end{array}\right\}$

c) $W_i = W_1 + W_2 = \frac{1}{2}*(C_1 V_1^2 + C_2 V_2^2) = 0,5*(5*10^{-6}*10^2 + 10*10^{-6}*20^2)$

$\Rightarrow \boldsymbol{W_i = 2,25*10^{-3} J}$ y por otra parte:

$W_f = \frac{1}{2} QV = 0,5*150*10^{-6}*10 \Rightarrow \boldsymbol{W_f = 0,75*10^{-3} J}$

38: condensador esférico

Considerando un condensador esférico, de capacidad variable, que está sometido a una diferencia de potencial constante entre sus armaduras.

Si el radio de la armadura externa es también constante, calcular la relación de radios para que el campo sobre la superficie de la armadura interna sea máximo.

SOLUCIÓN:

Si llamamos R_1 y R_2 a los radios de las esferas interior y exterior respectivamente, entonces la capacidad vendrá dada por la expresión:

$$C = 4\pi e_o \frac{R_2}{1/(x-1)} \quad con \quad x = \frac{R_1}{R_2} \Rightarrow C = 4\pi e_o R_2 \frac{x}{1-x} = 4\pi e_o \frac{R_1 R_2}{R_2 - R_1}$$

Por otra parte, el campo creado por una distribución esférica de carga es:
$$E = k\frac{q}{r^2} \quad y\ así, en\ la\ superficie\ interna, el\ campo\ será:$$

$$E = k\frac{q}{R_1^2} = kC\frac{V}{R_1^2} = 4\pi e_o R_2 x \frac{V}{(1-x)4\pi e_o R_1^2} \quad y\ como: \quad R_1^2 = R_2^2 x^2 \quad así:$$

$$E = \frac{V}{R_2 x(1-x)} = \frac{V}{R_2(x-x^2)} \quad que\ es\ máximo\ cuando\ (x-x^2)\ es\ mínimo \Rightarrow$$

$$d\frac{x-x^2}{dx} = 0 \quad 1-2x = 0 \Rightarrow x = 0{,}5$$

39: carga de un grupo de condensadores

En el esquema del circuito siguiente calcular:

a) La carga de los condensadores de $2\mu F$ y la diferencia de potencial entre los puntos **a** y **b**

b) La energía de cada condensador de $1\mu F$

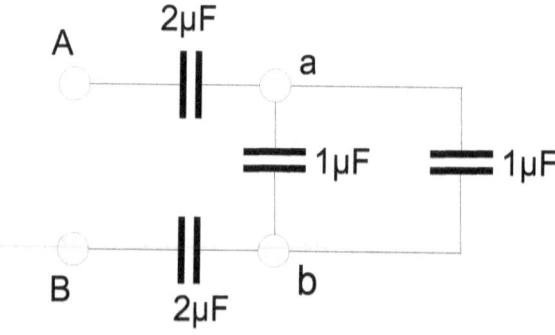

SOLUCIONES:

a) $\dfrac{1}{C_T} = \dfrac{1}{2} + \dfrac{1}{2} + \dfrac{1}{C_p}$ con: $C_p = 1 + 1 = 2\mu F \Rightarrow C_T = \dfrac{2}{3}\mu F$

$q_T = C_T V = \dfrac{2}{3} * 60 \quad \Rightarrow \quad q_T = 40\,\mu C$

$V_{ab} = 20 * \dfrac{10^{-6}}{10^{-6}} \quad \Rightarrow \quad V_{ab} = 20v$

b)
$W_2 = \dfrac{1}{2} * \dfrac{Q_2^2}{C_x} = 0,5 * \dfrac{(40*10^{-6})^2}{2*10^{-6}} \quad \Rightarrow \quad W_2 = 4*10^{-4} J \quad (para\,los\,de\,2\mu F)$

Análogamente: $\quad W_1 = 2*10^{-4} J \quad (para\,los\,de\,1\mu F)$

40: inducción magnética

Se lanza un electrón, carga $1,6*10^{-19} C$ en un campo magnético uniforme con una velocidad de $1,5*10^7 m/s$ a lo largo del eje **OX** encontrándose que no actúa ninguna fuerza sobre la carga.

Cuando la carga se mueve a la misma velocidad, pero en la dirección positiva del eje **OY** la fuerza ejercida sobre la carga es de $3,2*10^{-8} din$ estando dirigida dicha fuerza en el sentido positivo del eje **OZ**

Calcular el vector de inducción magnética, su módulo, dirección y sentido.

SOLUCIONES:

Cuando $\vec{V} = V\vec{i}$ entonces: $\vec{F} = 0$ y cuando: $\vec{V} = V\vec{j} \quad \vec{F} = 3,2*10^{-8}\vec{k}$
Entonces: $\vec{F} = q\vec{V} \times \vec{B} = 0 \quad \Rightarrow \quad \vec{V} \| \vec{B} \quad$ y además:

$3,2*10^{-8} = q\vec{V} \times \vec{B} \quad \Rightarrow \quad \vec{V} \perp \vec{B} \quad \Rightarrow \quad$ el vector $\vec{B}$ está dirigido según la dirección positiva del eje OX y su módulo es:

$B = \dfrac{F}{qV} \quad \Rightarrow \quad B = \dfrac{3,2*10^{-8} * 10^{-5}}{1,6*10^{-19} * 1,5*10^7} \quad \Rightarrow \quad B = 0,1333\,T \quad con: \vec{B} = B\vec{i}$

41: fuerza ejercida sobre un protón

Un protón de los rayos cósmicos entra con una velocidad de $10^7\,m/s$ en el campo magnético terrestre, en dirección perpendicular al mismo.

Calcular la fuerza que se ejerce sobre el protón. La inducción magnética para la Tierra, próximo a ella y en el Ecuador es: $1,3*10^{-7}\,T$

SOLUCIÓN:

$F = qvB = 1,6*10^{-19}*10^7*1,3*10^{-7} \Rightarrow \boldsymbol{F = 2,08*10^{-19}\,Nw}$

42: órbita y velocidad de un protón

Un protón que es acelerado desde el reposo por una diferencia de potencial de $2*10^6\,v$ penetra perpendicularmente al campo magnético uniforme existente en una región y de valor **B=0,2T**

Calcular:

a) El radio de la órbita.

b) La velocidad del protón en ella.

c) El tiempo que tarda en describir una órbita completa.

SOLUCIONES:

a) $\boldsymbol{R = 1,02\,m}$

b) $\boldsymbol{v = 1,95*10^7\,m/s}$

c) $\boldsymbol{t = 3,26*10^{-7}\,s}$

43: fuerza sobre una partícula en un campo

Una partícula, que posee una carga de $10^{-8}C$ se mueve con velocidad $\vec{V}=3*10^4\vec{i}+4*10^4\vec{j}$ en el interior de un campo magnético dado por $\vec{B}=0,2\vec{i}+0,1\vec{j}-1,5\vec{k}$ Si la velocidad viene expresada en **m/s** y el campo en wb/m^2 calcular el valor y sentido de la fuerza ejercida sobre la partícula.

SOLUCIÓN:

$\vec{F}_m = q\vec{V} \times \vec{B}$ y por lo tanto:

$\vec{F}_m = \begin{vmatrix} \vec{i} & \vec{j} & \vec{k} \\ 3*10^4 & 3*10^4 & 0 \\ 0,2 & 0,1 & -1,5 \end{vmatrix} \Rightarrow \vec{F}_m = -6*10^4\vec{i} + 4,5*10^4\vec{j} - 0,5*10^4\vec{k}$

$\cos\alpha = -0,798$; $\cos\beta = 0,599$; $\cos\gamma = -0,655$ *Estos cosenos directores son también las componentes del vector unitario dirigido según la dirección y el sentido de $\vec{F}_m$.*

44: aceleración de una partícula

Despreciando la fuerza gravitatoria, calcular para el instante **t=3s** la aceleración instantánea de una partícula de **0,5gr** y $q=8*10^{-6}C$ que se encuentra sometida simultáneamente a la acción de un campo magnético descrito por $\vec{B}=2t\vec{i}-4t^3\vec{j}+2t^2\vec{k}\,wb/m^2$ y de un campo eléctrico $\vec{E}=2t^2\vec{i}-2t\vec{j}+2t^3\vec{k}\,Nw/C$ Su velocidad en **t=0** viene dada por la expresión: $\vec{v}=4\vec{i}-3t^2\vec{j}+2t\vec{k}\,m/s$

SOLUCIÓN:

Toda partícula sometida a un campo eléctrico está sometida a una fuerza dada por: $\vec{F}_e = q\vec{E}$ y al estar también bajo la acción de un campo magnético, está también influida por una fuerza dada por: $\vec{f} = q(\vec{v} \times \vec{B})$ y así la fuerza total ejercida sobre la partícula es:

$\vec{F}_T = q(\vec{E} + \vec{v} \times \vec{B})$ y por lo tanto tenemos:
$\vec{F}_e = 8*10^{-6}(3t^2\vec{i} - 2t\vec{j} + 6t^3\vec{k})$ y por otro lado:

$$\vec{F}_m = \vec{f} = 8*10^{-6} * \begin{vmatrix} \vec{i} & \vec{j} & \vec{k} \\ 4 & -3t^2 & 2t \\ 2t & -4t^3 & 2t^2 \end{vmatrix} = 40*10^{-6}t^4\vec{i} - 56*10^{-6}t^2\vec{j} - 80*10^{-3}\vec{k} \Rightarrow$$

$\vec{F}_T = (24t^2 + 40t^4)*10^{-6}\vec{i} - (16t + 56t^2)*10^{-6}\vec{j} + (48-80)*10^{-6}t^3\vec{k}$

Y para $t=0$: $\vec{a} = \dfrac{3.456\vec{i} - 552\vec{j} + 864\vec{k}}{0,5*10^{-3}} *10^{-6}$ y de esta manera:

$\vec{a} = 10^{-6}*(6,9\vec{i} - 1,1\vec{j} + 1,73\vec{k})$

45: fuerzas magnéticas y flujo magnético

El circuito de la figura transporta una corriente de **1A** y se encuentra situado en una región en la que existe un campo magnético dado por: $\vec{B} = 0,5\vec{i} - 2\vec{j} + 1,5\vec{k}\ wb/m^2$ Las coordenadas de los vértices son: **A(0,0,1), B(1,0,0)** y **C(0,1,0)m**

Calcular:

a) Las fuerzas magnéticas ejercidas sobre cada lado.

b) El flujo total que atraviesa el circuito.

c) Si el campo magnético fuese: $\vec{B} = 4\vec{i} - 3\vec{j} + \vec{k}$ calcular el flujo que atraviesa el circuito.

SOLUCIONES:

a) La fuerza ejercida sobre un conductor que transporta una corriente eléctrica es:
$\vec{F} = i(\vec{L} \times \vec{B})$ donde $\vec{L}$ tiene igual dirección que el flujo de la corriente. De esta manera:

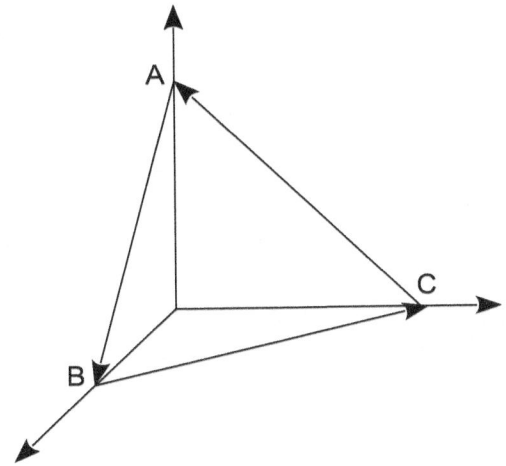

$$\vec{AB}=(1-0)\vec{i}+(0-0)\vec{j}+(0-1)\vec{k}=\vec{i}-\vec{k}$$
$$\vec{BC}=(0-1)\vec{i}+(1-0)\vec{j}+(0-0)\vec{k}=-\vec{i}+\vec{k} \Rightarrow$$
$$\vec{CA}=(0-0)\vec{i}+(0-1)\vec{j}+(1-0)\vec{k}=-\vec{j}+\vec{k}$$

$$\vec{F}_{AB}=1(\vec{i}-\vec{k})x(0,5\vec{i}-2\vec{j}+1,5\vec{k})=-2\vec{i}-2\vec{j}-2\vec{k} \Rightarrow |\vec{F}_{AB}|=3,46\ Nw$$

Y el sentido es el dado por: $\quad \vec{u}_1=\dfrac{(-2)}{\sqrt{12}}*(\vec{i}+\vec{j}+\vec{k}) \quad$ y análogamente:

$$\vec{F}_{BC}=1,5\vec{i}+1,5\vec{j}+1,5\vec{k} \Rightarrow |\vec{F}_{BC}|=2,6\ Nw \quad \text{y con el sentido del vector:}$$
$$\vec{u}_2=\dfrac{1,5}{\sqrt{6,75}}*(\vec{i}+\vec{j}+\vec{k}) \quad \text{e igualmente tenemos:}$$

$$\vec{F}_{CA}=0,5\vec{i}+0,5\vec{j}+0,5\vec{k} \Rightarrow |\vec{F}_{CA}|=0,87\ Nw \quad \text{y sentido del vector:}$$
$$\vec{u}_3=\dfrac{0,5}{\sqrt{0,75}}*(\vec{i}+\vec{j}+\vec{k})$$

$$\Phi=\int_S \vec{B}*d\vec{S} \quad y\ como: \quad \vec{B}=constante \Rightarrow \Phi=\vec{B}*\vec{S} \quad y\ como:$$

b) $\vec{S}=\dfrac{1}{2}(\vec{AB}\ x\ \vec{AC})=0,5*(\vec{i}+\vec{j}+\vec{k}) \quad$ y por lo tanto:

$$\Phi=(0,5\vec{i}-2\vec{j}+1,5\vec{k})*(0,5\vec{i}+0,5\vec{j}+0,5\vec{k})=0 \Rightarrow \boldsymbol{\Phi=0}$$

c) $\Phi' = (4\vec{i} - 3\vec{j} + \vec{k}) * (0,5\vec{i} + 0,5\vec{j} + 0,5\vec{k}) \Rightarrow \Phi' = 1wb$

46: magnitud del campo eléctrico

Un conductor cilíndrico de radio **10cm** transporta una corriente de **1A** distribuida uniformemente en toda su sección transversal.

Calcular la magnitud del campo magnético en puntos que distan **5cm** del centro del cable.

SOLUCIÓN:

Utilizando el Teorema de Ampère tendremos:

$$\oint \vec{B} d\vec{l} = \mu_o i \quad y\ como: \quad \vec{B} \| d\vec{l} \Rightarrow \oint B dl = \mu_o i = B \oint dl \Rightarrow$$

$B 2\pi r = \mu_o i$ y como la relación de i (corriente limitada por la circunferencia de radio r) con la total es: $i = i_o \dfrac{\pi r^2}{\pi R^2}$ donde R es el radio del conductor $\Rightarrow$

$$B = \mu_o \frac{i}{2\pi r} = \mu_o i_o \frac{\pi r^2}{2\pi r \pi R^2} = \mu_o i_o \frac{r}{2\pi R^2} = \frac{4*\pi*10^{-7}*1*5*10^{-2}}{2\pi(10*10^{-2})^2} \Rightarrow$$

$B = 10^{-6} wb/m^2$

47: campo magnético en un conductor

Un largo conductor, de sección transversal circular de **15cm** de radio, transporta una corriente de **30A** distribuida uniformemente en toda su sección transversal.

¿Cuál será el valor del campo magnético en aquellos puntos que disten **10cm** del eje del conductor?.

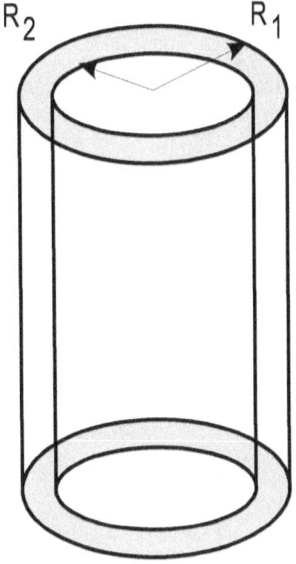

SOLUCIÓN:

Si $R=R_1=15$cm y $d=R_2=10$cm,

como: $B=\mu_o\dfrac{I'}{2\pi d}$ entonces:

$\dfrac{I}{S_T}=\dfrac{I'}{S'}$ con $I=30$A y como:

$S_T=\pi R^2 \Rightarrow \dfrac{I}{\pi R^2}=\dfrac{I'}{\pi d^2} \Rightarrow$

$I'=I\dfrac{d^2}{R^2} \Rightarrow B=\mu_o d\dfrac{I}{2\pi R^2}=\dfrac{4*\pi*10^{-7}*0,1*30}{2\pi*0,15^2} \Rightarrow B=2,6*10^5 T$

48: intensidad y dirección de la corriente

Dos hilos muy largos **O** y **O'** rectilíneos y paralelos, distan entre si **10cm**

El hilo **O'** esta recorrido por una corriente **I'** **de 6A** dirigida de arriba a abajo.

1) Determinar la intensidad y la dirección de la corriente **I** que recorre el hilo **O**, para que el campo magnético, en el punto **A** de la figura, resulte nulo.

2) ¿Cuál es entonces el campo magnético resultante en magnitud y dirección en el punto **B**, y en el punto **C** distantes **6cm** del hilo **O** y **8cm del O'**?.

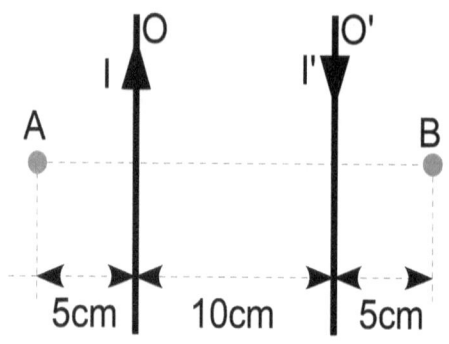

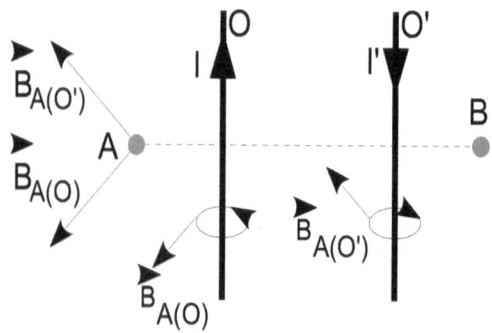

SOLUCIONES:

a) *Para que:* $B_A = 0 \Rightarrow |\vec{B}_{A(O)}| = |\vec{B}_{A(O')}| \Rightarrow B_{A(O)} = B_{A(O')}$ *y así:*

$$\mu_o \frac{I}{2\pi \overline{AO}} = \mu_o \frac{I'}{2\pi \overline{AO'}} \Rightarrow I = I' \frac{\overline{AO'}}{\overline{AO}} = 5 * \frac{6}{15} \Rightarrow I = 2A$$

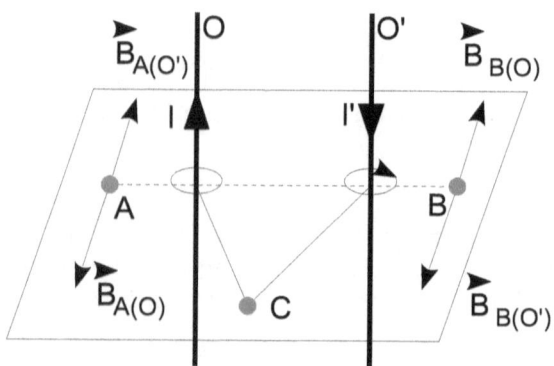

$$B_{B(O)} = \mu_o \frac{I}{2\pi \overline{BO}} \Rightarrow B_B = B_{B(O')} - B_{B(O)} \quad donde:$$

$$B_{B(O')} = \mu_o \frac{I'}{2\pi \overline{BO'}} \quad entonces:$$

b)
$$B_B = 2*10^{-7} * \left(\frac{6}{0,05} - \frac{2}{0,15}\right) \Rightarrow \boldsymbol{B_B = 2,13*10^{-5} T} \quad (dirigido\ hacia\ fuera)$$

Por otra parte como $\overline{CO}$ y $\overline{CO}'$ forman un ángulo de 90°, entonces:

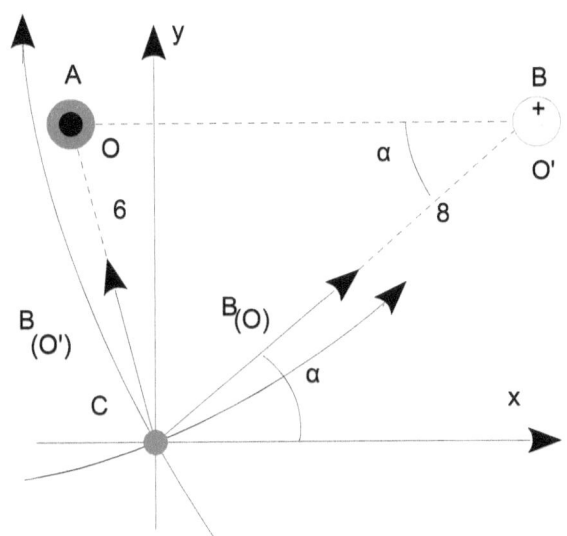

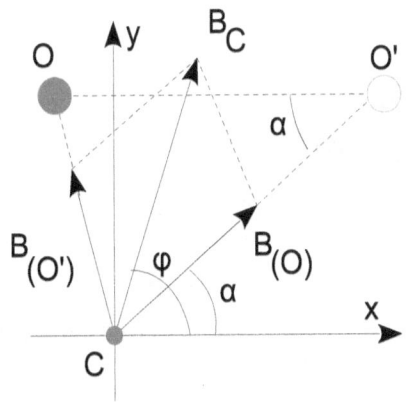

$$B_{C(O)} = \mu_o \frac{I}{2\pi \overline{CO}} = 6,67*10^{-6} T$$

$$B_{C(O')} = \mu_o \frac{I}{2\pi \overline{CO'}} = 1,5*10^{-5} T$$

$$B_{C_x} = B_{C(O)} \cos\alpha - B_{C(O')} \sin\alpha$$
$$B_{C_y} = B_{C(O)} \sin\alpha + B_{C(O')} \cos\alpha$$

$Con: \quad B_C = \sqrt{B_{C_x}^2 + B_{C_y}^2} \quad y$

$$\tan\alpha = \frac{B_{C_y}}{B_{C_x}} \Rightarrow \boldsymbol{B_C = 1,6*10^{-5} T}$$

49: inducción magnética en una varilla

Una varilla de **140gr** y **30cm** de longitud está apoyada sobre una superficie horizontal, siendo el coeficiente estático de rozamiento entre ambos **0,5**

Si la varilla es recorrida por una corriente de **12A**

Calcular:

a) El valor numérico de la inducción magnética que hace que la varilla empiece a deslizar.
b) ¿Cuál es la dirección de tal vector?.

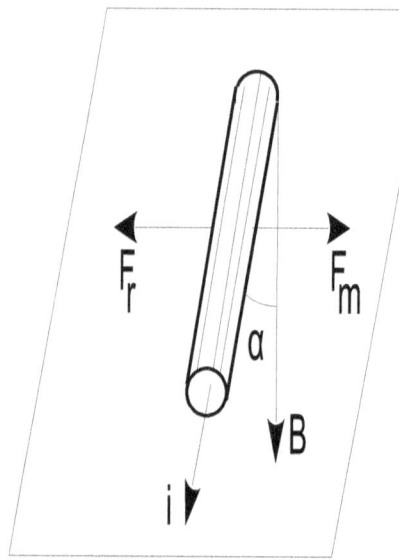

SOLUCIÓN:

$F_r = \mu P = \mu mg$ y $\vec{F}_m = i(\vec{l} \times \vec{B}) \Rightarrow$

$\mu mg = lBi \sin \alpha \Rightarrow B = F_m \dfrac{il}{\sin \alpha}$

$Que\ será\ mínimo\ cuando: \sin \alpha = 1 \Rightarrow$

$\mu mg = liB \Rightarrow B = \mu \dfrac{mg}{li}$ y así:

$B = 0,19\,T$ (*dirigido hacia el interior de la superficie horizontal*)

50: campo magnético creado por un conductor

Un hilo rectilíneo muy largo es recorrido por una intensidad $I_1 = 30A$

Un cuadro **ABCD**, cuyos lados **BC** y **DA** son paralelos al conductor rectilíneo, está recorrido por una intensidad $I_2=10A$

Calcular la fuerza ejercida sobre cada lado del cuadro por el campo magnético creado por el conductor.

Datos: $a=20cm;\ b=c=10cm$

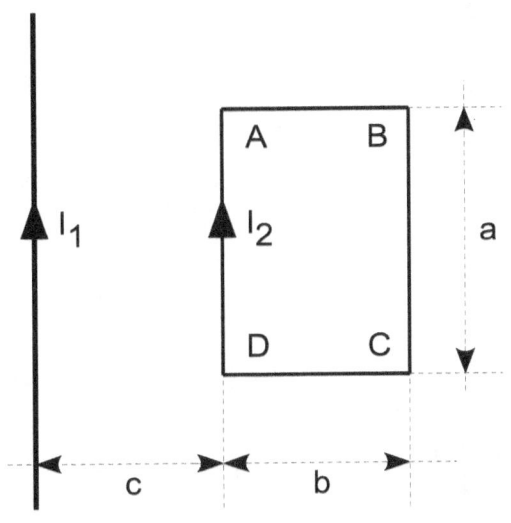

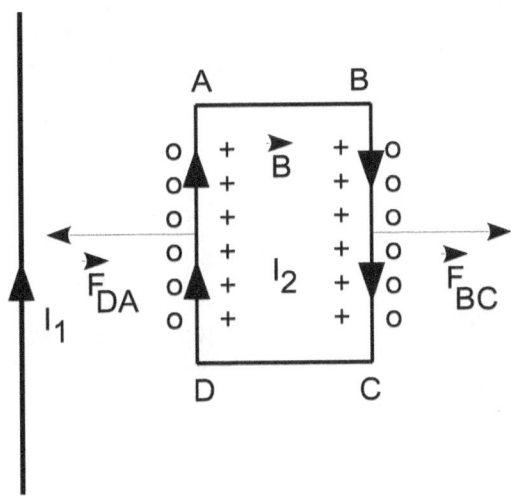

SOLUCION:

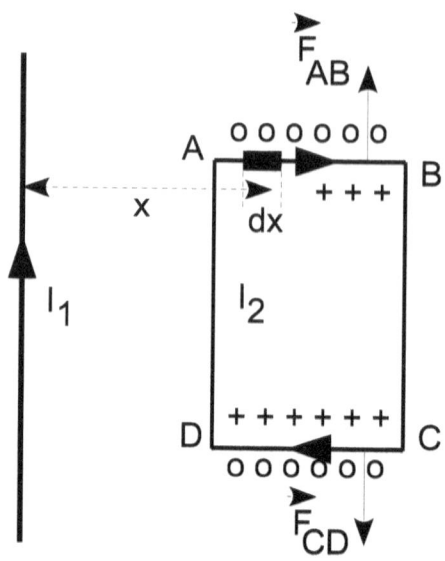

$$\vec{F}_{DA}=i(\vec{l}_{DA}\times\vec{B}) \quad con: \quad B=\mu_o\frac{I'}{2\pi c} \Rightarrow F_{DA}=I_2 l_{DA} B\sin 90°$$

$$F_{DA}=\frac{10*0,20*\mu_o*30}{2\pi*0,10} \Rightarrow F_{DA}=12*10^{-5} Nw$$

$$F_{BC}=I_2 l_{BC} B'\sin 90° \Rightarrow F_{BC}=I_2 l_{BC}\mu_o\frac{I'}{2\pi a} \quad y\ asi:$$

$$F_{BC}=\frac{10*0,20*\mu_o*30}{2\pi*0,20} \Rightarrow F_{BC}=6*10^{-5} Nw$$

$$d\vec{F}=I_2 d\vec{x}\times\vec{B} \quad con: \quad |\vec{B}|=\mu_o\frac{I_1}{2\pi x} \quad y\ por\ lo\ tanto:$$

$$\int dF=I_2\int_c^{a+b} dx x\frac{\mu_o I_1}{2\pi x} \Rightarrow F_{AB}=F_{DC}=I_2\mu_o I_1\ln\frac{(a+b)/c}{2\pi}=$$

$$=10*\mu_o*\frac{30}{2\pi}\ln\frac{20}{10} \Rightarrow F_{AB}=F_{DC}=4,16*10^{-5} Nw$$

51: fuerza y momento sobre cuadro giratorio

El cuadro rectangular de la figura puede girar alrededor del eje **Z** y transporta una corriente de **10A** en el sentido indicado.

1) Si el cuadro se encuentra en un campo magnético uniforme de **0,2T** paralelo al eje **Y**, calcular la fuerza ejercida sobre cada lado del cuadro expresada en **din** y el momento, en **din.cm**, necesario para mantener el cuadro en la posición indicada.

2) La misma cuestión cuando el campo es paralelo al eje **X**

3) ¿Qué momento sería necesario si el cuadro pudiese girar alrededor del eje que pasase por su centro, paralelamente al eje **Z**?

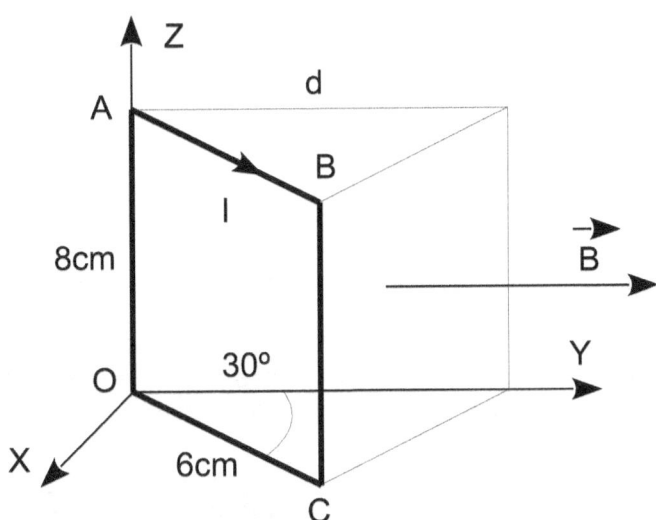

52: fuerza y flujo magnéticos

El circuito de la figura transporta una corriente de **1,5A** y está situado en una región donde el campo magnético es: $\vec{B}=0,5\vec{i}-2\vec{k}$

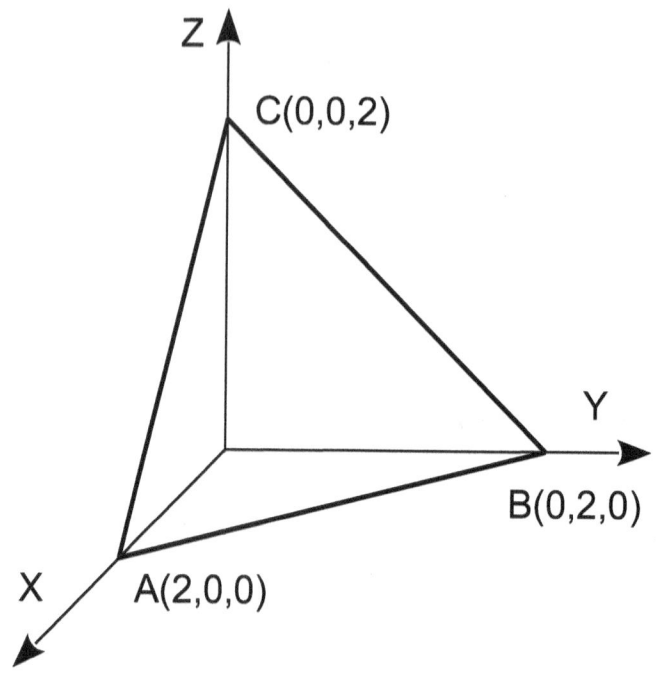

Calcular:

a) Las fuerzas magnéticas sobre cada lado.
b) El flujo que atraviesa el circuito.
c) El campo magnético anterior se anula, lo mismo que la corriente en los conductores.

Se establece un campo magnético: $\vec{B}=3t^2\vec{i}+2t^3\vec{j}$

La resistencia de los conductores es de $\dfrac{3}{\sqrt{2}}\Omega/m$

Calcular la corriente en el circuito en el instante **t=5s**

SOLUCIONES:

a)
$$\vec{F}_{AC} = I\overrightarrow{AC} \times \vec{B} = 1{,}5 * \begin{vmatrix} \vec{i} & \vec{j} & \vec{k} \\ -2 & 0 & 2 \\ 0{,}5 & 0 & -2 \end{vmatrix} \Rightarrow \vec{F}_{AC} = 1{,}5*(-3\vec{j}) \Rightarrow$$

$$\vec{F}_{AC} = -4{,}5\,\vec{j}\ Nw$$

$$\vec{F}_{CB} = I\overrightarrow{CB} \times \vec{B} = 1{,}5 * \begin{vmatrix} \vec{i} & \vec{j} & \vec{k} \\ 0 & 2 & -2 \\ 0{,}5 & 0 & -2 \end{vmatrix} \Rightarrow \vec{F}_{CB} = -6\vec{i} - 1{,}5\vec{j} - 1{,}5\vec{k}\ Nw$$

$$\vec{F}_{BA} = I\overrightarrow{BA} \times \vec{B} = 1{,}5 * \begin{vmatrix} \vec{i} & \vec{j} & \vec{k} \\ 2 & -2 & 0 \\ 0{,}5 & 0 & -2 \end{vmatrix} \Rightarrow \vec{F}_{BA} = 6\vec{i} + 6\vec{j} + 1{,}5\vec{k}\ Nw$$

b)
$$\vec{S} = \frac{1}{2}\overrightarrow{CB} \times \overrightarrow{BA} = 0{,}5 * \begin{vmatrix} \vec{i} & \vec{j} & \vec{k} \\ 0 & 2 & -2 \\ 2 & -2 & 0 \end{vmatrix} \Rightarrow \vec{S} = -2\vec{i} - 2\vec{j} - 2\vec{k} \quad y\ así:$$

$$\Phi = (0{,}5\vec{i} - 2\vec{k})*(-2\vec{i} - 2\vec{j} - 2\vec{k}) \Rightarrow \Phi = 3T.m^2$$

$$e = -d\frac{\Phi}{dt} = \frac{-d}{dt}(\vec{B}*\vec{S}) = \frac{-d}{dt}(\vec{B}*(0{,}5*(\overrightarrow{CB} \times \overrightarrow{BA}))) \Rightarrow e = 12t + 12t^2\ v$$

Y así: $e_{t=5s} = 360v$ y como: $i = \dfrac{e}{R} \Rightarrow i = \dfrac{360}{\dfrac{3}{\sqrt{2}}*3|\overrightarrow{BA}|}$ donde:

c) $|\overrightarrow{BA}|$ es la longitud total del hilo conductor. Por lo tanto:

$$i = \frac{360}{\dfrac{3}{\sqrt{2}}*3\sqrt{8}} \Rightarrow i = 20A$$

53: trabajo eléctrico

Dos esferas conductoras concéntricas de radios: $R_1 = 10cm$ y $R_2 = 40cm$ están cargadas respectivamente con:

$Q_1=100C$ y $Q_2=200C$

Calcular el trabajo eléctrico para llevar una carga de $10^{-2}C$ desde un punto situado en **r=20cm** hasta el punto **r=0** siendo **r** las distancias desde el centro común de las esferas al punto.

54: trabajo para trasladar una carga

Entre las dos placas planas de la figura siguiente, existe un campo eléctrico uniforme de **200v/m** siendo la polaridad la indicada.

Calcular:

El trabajo realizado al trasladar una carga puntual, de valor $5*10^{-6}C$ desde el el punto **A** al **D** en los siguientes casos:

1) A lo largo de la quebrada **ABCD**
2) A lo largo del segmento **AD**

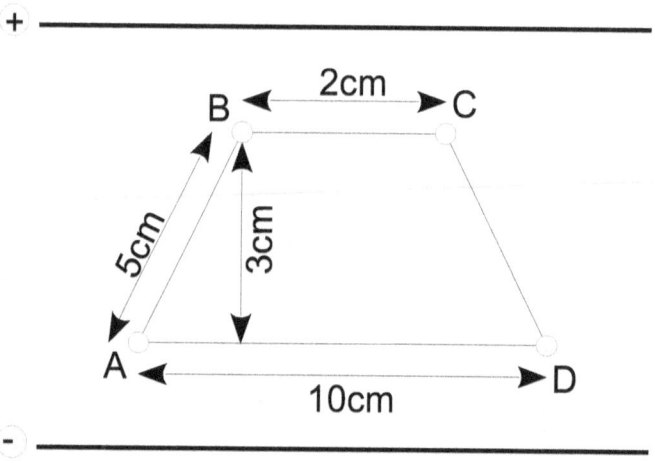

55: fuerza y flujo magnéticos

La corriente en el hilo **LL'** de la figura siguiente es de **20A** mientras que por el circuito rectangular pasa una corriente de **30A**

Calcular:

1) El valor y el sentido de la fuerza magnética que actúa sobre el cuadro.
2) El flujo magnético que lo atraviesa.

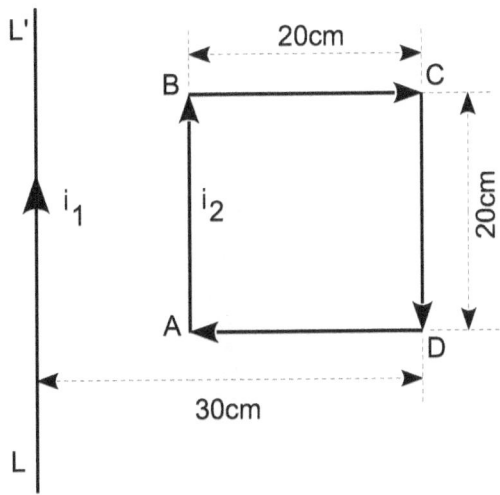

⊖⊙⊖

Anexos

*Constantes

$q_e = 1{,}602 * 10^{-19} C$
$m_e = 9{,}108 * 10^{-31} kg$
$r_e = 2{,}8177 * 10^{-11} m$
$m_p = 1{,}007596 \, uma = 1{,}6724 * 10^{-27} kg$
$m_n = 1{,}008982 \, uma = 1{,}6747 * 10^{-27} kg$
$m_H = 1{,}008142 \, uma$
$m_\alpha = 6{,}644 * 10^{-27} kg$
$h = 6{,}6256 * 10^{-34} J.s = 6{,}6256 * 10^{-27} Erg.s$
$\bar{h} = 1{,}0544 * 10^{-34} J.s = 1{,}0544 * 10^{-27} Erg.s$
$g = 980{,}665 \, cm.s^{-2}$
$G = 6{,}673 * 10^{-11} Nw.m^2.kg^{-2}$
$M_T = 5{,}975 * 10^{24} kg$
$R_T = 6{,}371 * 10^6 m$
$M_S = 1{,}99 * 10^{30} kg$
$R_S = 6{,}95 * 10^8 m$
$K = 8{,}98 * 10^9 Nw.m^2.C^{-2}$
$R_H = 109.677{,}6 \, cm^{-1}$
$R_\infty = 109.737{,}3 \, cm^{-1}$
$R = 0{,}08208 \, atm.l.mol^{-1}.K^{-1} = 8{,}3166 * 10^7 \, Erg.mol^{-1}.K^{-1} =$
$\qquad\qquad\qquad\qquad = 1{,}987 \, cal.mol^{-1}.K^{-1}$

$c = 2{,}9979 * 10^8 m.s^{-1}$
$N = 6{,}0222 * 10^{23} \, part.mol^{-1}$
$4\pi e_o = 1{,}11264 * 10^{-10} C^2.Nw^{-1}.m^{-2}$
$e_o = 8{,}842 * 10^{-12} C^2.Nw^{-1}.m^{-2} = 8{,}8542 * 10^{-12} F.m^{-1}$
$F = 96.487 \, C.eq^{-1}$
$J = 4{,}185 \, J.cal^{-1}$
$V_N = 22{,}415 \, l$

$V_N = 22,415 \, l$

$k = 1,3806 * 10^{-23} \, J.K^{-1}$

$T_{abs} = -273,15 \, °C$

$\dfrac{RT}{F} \ln x = 0,05916 \log x \, v$

$\mu_B = 9,2732 * 10^{-21} \, Erg.Gauss^{-1}$

$a_o = 0,52916 \, \text{Å} = 5,2916 * 10^{-9} \, cm \quad d_{Hg} = 13,595 \, gr.cm^{-3}$

$d_{H_2O} = 0,999972 \, gr.cm^{-3}$

$V_{s(a)}^{288K} = 3,408 * 10^2 \, m.s^{-1}$

$C_m = 10^{-7} \, Nw.A^{-2}$

$\sigma = 5,670 * 10^{-5} \, Erg.s^{-1}.cm^{-2}.K^{-4} = 5,6697 * 10^{-8} \, w.m^{-2}.K^{-4}$

$\dfrac{N}{V_N} = 2,6869 * 10^{25} \, moléc.m^{-3}$

*Factores de conversión

$1 J = 9,81 \, kpm$
$1 BTU = 0,252 \, kcal$
$1 cal = 4,1840 \, J = 41,293 \, atm.cm^3$
$1 kcal.mol^{-1} = 0,043361 \, eV$
$1 CV-h = 2,7*10^5 \, kgm$
$1 kw-h = 1,36 \, CV-h = 2,24*10^{25} \, eV = 3,6*10^6 \, J$
$1 eV = 1,6022*10^{-12} \, Erg = 0,16022*10^{-18} \, J.moléc^{-1} = 3,829*10^{-20} \, cal =$
$\qquad = 8,0660*10^3 \, cm^{-1}$
$1 MeV = 1,6022*10^{-13} \, J$
$1 atm.l = 10,323 \, kgm = 0,0242 \, kcal = 101,323 \, J = 6,33*10^{20} \, eV$
$1 cm^{-1} = 1,986*10^{-6} \, Erg = 4,747*10^{-24} \, cal = 1,240*10^{-4} \, eV$
$1 atm = 1,03328 \, kg.cm^{-2} = 1,01325*10^6 \, din.cm^{-2} = 14,70 \, psi = 760 mmHg$
$1 baria = 1 din.cm^{-2}$
$1 bar = 10^6 \, barias$
$1 psi = 703 kg.m^{-2}$
$1 pascal = 1 Nw.m^{-2}$
$1 din = 10^{-5} \, Nw$
$1 kp = 9,8 \, Nw$
$1 \, Å = 10^{-4} \mu = 10^{-10} \, m$
$1 \mu = 10^{-6} \, m$
$1 \, año-luz = 9,468*10^{15} \, m$
$1 Yard = 0,9144 \, m$
$1 pie = 12 plg = 0,3048 \, m$
$1 plg = 0,02540 \, m$
$1 km = 0,6214 \, mill$
$1 nm = 10^{-9} \, m$
$1 CV = 0,735 \, kw = 175,72 \, cal.s^{-1}$
$1 HP = 76,04 \, kgm.s^{-1} = 1,0139 \, CV = 735 w$
$1 kw = 1,359 \, CV$

$1\text{uma} = 1{,}6597 * 10^{-27} \, kg = 931{,}2 \, MeV$
$1\text{UTM} = 9{,}8 * 10^3 \, gr$
$1\text{slug} = 14{,}59 \, kg$
$1\text{Qm} = 100\text{kg}$
$1\text{uee} = 3{,}333 * 10^{-10} \, C$
$1\text{uep} = 300\text{v}$
$1 \mu F = 10^{-6} F$
$1\text{nF} = 10^{-9} F$
$1 \mu\mu F = 10^{-12} F = 1\text{pF}$
$1F = 96{,}487 C.eq^{-1} = 23{,}060 cal.v^{-1}.eq^{-1}$
$1\text{v.m}^{-1} = 3{,}333 * 10^{-5} uee$
$1D = 3{,}33 * 10^{-30} C.m$
$1\text{Wb.m}^{-2} = 10^4 \, Gauss = 1T$
$1\text{Wb} = 10^8 \, Max$
$1\text{Hy} = 1{,}1111 * 10^{-2} uee$
$1\text{A.m}^{-1} = 4\pi \, 10^{-3} \, Oersted$
$1\text{kciclo} = 10^3 \, Hz$
$1\text{Curie} = 3{,}7 * 10^{10} \, desint.s^{-1}$
$1\text{galón} = 3{,}785 \, l$
$1\text{barril} = 119{,}24 \, l$
$1\text{pinta} = 5{,}688 * 10^{-4} m^3$
$1\text{gr.cm}^{-3} = 102\text{UTM.m}^{-3}$
$1\text{acre} = 0{,}40469 \, Hca = 4{,}046{,}9 \, m^2$
$1\text{m.s}^{-1} = 3{,}6 \, km.h^{-1}$
$1\text{rpm} = 0{,}10472 \, rad.s^{-1}$
$1\text{rad} = 57{,}2956\,° = 63{,}662^G$
$1° = 1{,}745 * 10^{-2} rad$
$1' = 2{,}909 * 10^{-4} rad$
$1^G = 1{,}571 * 10^{-2} rad$

*Integrales (con +C)

$$\int x^n dx = \frac{x^{n+1}}{n+1}$$

$$\int \frac{1}{x} dx = \ln|x|$$

$$\int \sin x\, dx = -\cos x$$

$$\int \frac{1}{\cos^2 x} dx = \tan x$$

$$\int \cos x\, dx = \sin x$$

$$\int \frac{1}{\sin^2 x} dx = -\cot x$$

$$\int \tan x\, dx = -\ln|\cos x| = \ln|\sec x|$$

$$\int \cot x\, dx = \ln|\sin x|$$

$$\int \sec x\, dx = \ln|\sec x + \tan x| = \ln\left|\tan\left(\frac{x}{2} + \frac{\pi}{4}\right)\right|$$

$$\int \cosec x\, dx = \ln|\cosec x - \cotan x| = \ln\left|\tan\frac{x}{2}\right|$$

$$\int \sec^2 x\, dx = \tan x$$

$$\int \cosec^2 x\, dx = -\cot x$$

$$\int \sec x \tan x\, dx = \sec x$$

$$\int \cosec x \cot x\, dx = -\cosec x$$

$$\int e^x dx = e^x$$

$$\int a^x dx = a^x \ln|a|$$

$$\int \frac{1}{1+x^2} dx = \arctan x$$

$$\int \frac{1}{x^2 - a^2} dx = \frac{1}{2a} \ln\left|\frac{x+a}{x-a}\right|$$

$$\int \frac{1}{x^2 + a^2} dx = \frac{1}{a} \arctan \frac{x}{a}$$

$$\int \frac{1}{\sqrt{1-x^2}}\,dx = \arcsin x$$

$$\int \frac{1}{\sqrt{x^2 \pm a^2}}\,dx = \ln\left|x + \sqrt{x^2 \pm a^2}\right|$$

$$\int \frac{1}{x\sqrt{a^2 \pm x^2}}\,dx = \frac{1}{a}\ln\left|\frac{x}{a+\sqrt{a^2 \pm x^2}}\right|$$

$$\int \sqrt{x^2 \pm a^2}\,dx = \frac{x}{2}\sqrt{x^2 \pm a^2} \pm \frac{a^2}{2}\ln\left|x + \sqrt{x^2 \pm a^2}\right|$$

$$\int e^{ax}\sin bx\,dx = \frac{e^{ax}a\sin bx}{a^2 + b^2} - \frac{e^{ax}a\cos bx}{a^2 + b^2}$$

*Relaciones trigonométricas

$\sin(a+b) = \sin a \cos b + \operatorname{sen} b \cos a$
$\sin(a-b) = \sin a \cos b - \sin b \cos a$
$\cos(a+b) = \cos a \cos b - \sin a \sin b$
$\cos(a-b) = \cos a \cos b + \sin a \sin b$
$\tan(a+b) = \dfrac{\sin(a+b)}{\cos a \cos b}$
$\tan(a-b) = \dfrac{\sin(a-b)}{\cos a \cos b}$
$\cot(a+b) = \dfrac{\cot a \cot b - 1}{\cot b + \cot a}$
$\cot(a-b) = \dfrac{\cot a \cot b + 1}{\cot b - \cot a}$
$\sin 2a = 2\sin a \cos a = \dfrac{2\tan a}{1 - tag^2 a}$
$\cos 2a = \cos^2 a - \sin^2 a = \dfrac{1 - \tan^2 a}{1 + \tan^2 a}$
$\tan 2a = \dfrac{2\tan a}{1 - \tan^2 a}$
$\cot 2a = \dfrac{\cot^2 a - 1}{2\cot a}$
$\sin 3a = 3\sin a - 4\sin^3 a$
$\cos 3a = 4\cos^3 a - 3\cos a$
$\tan 3a = \dfrac{3\tan a - \tan 3a}{-3\tan^2 a + 1}$
$\cot 3a = \dfrac{\cot^3 a - 3\cot a}{3\cot^2 a - 1}$
$\sin \dfrac{a}{2} = \pm \sqrt{\dfrac{1 - \cos a}{2}}$
$\cos \dfrac{a}{2} = \pm \sqrt{\dfrac{1 + \cos a}{2}}$
$\tan \dfrac{a}{2} = \pm \sqrt{\dfrac{1 - \cos a}{1 + \cos a}}$

$$\cot\frac{a}{2}=\cot a\pm\sqrt{\cot^2 a+1}$$

$$\sin a+\sin b=2\sin\frac{1}{2}(a+b)\cos\frac{1}{2}(a-b)$$

$$\sin a-\sin b=2\cos\frac{1}{2}(a+b)\sin\frac{1}{2}(a-b)$$

$$\cos a+\cos b=2\cos\frac{1}{2}(a+b)\cos\frac{1}{2}(a-b)$$

$$\cos a-\cos b=-2\sin\frac{1}{2}(a+b)\sin\frac{1}{2}(a-b)$$

$$\sin a+\cos b=2\sin\frac{1}{2}(\frac{\pi}{2}+a-b)\cos\frac{1}{2}(a+b-\frac{\pi}{2})$$

$$\sin a-\cos b=2\cos\frac{1}{2}(\frac{\pi}{2}+a-b)\sin\frac{1}{2}(a+b-\frac{\pi}{2})$$

$$\tan a\pm\tan b=\frac{\sin(a\pm b)}{\cos a\cos b}$$

$$\cot a\pm\cot b=\frac{\sin(b\pm a)}{\sin a\sin b}$$

$$\cot a\pm\tan b=\frac{\cos(a\pm b)}{\sin a\cos b}$$

⊖⊙⊖

*Otros títulos del autor

   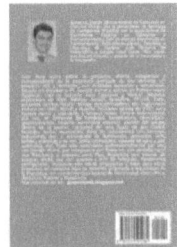

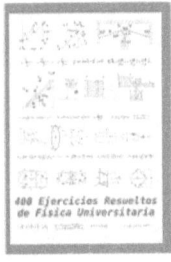 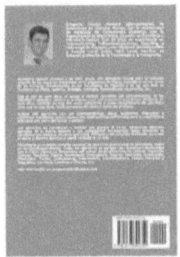  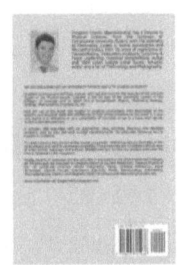

  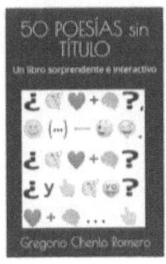 

*Bibliografía recomendada

"Problemas de Física", Felix A. Gonzalez
"Problemas de Física General", L. Nuñez
"Física General", Felix A. Gonzalez
"Problemas de Física", J. García Roger
"Circuitos Eléctricos", J.A. Edminister
"Física General y Experimental", Goldenberg
"Pruebas de acceso: Física", F. G. Pérez
"Manual de Fórmulas y Tablas", Murray R. Spiegel
"Cálculo superior", Murray R. Spiegel
"Introducción a la Física General", USC
"Física", Sears-Zemansky
"Física General", C. W. van der Merwe
"Lectures of Physics", Feymann
"Física", Haliday
"Física", Gaskenhouse
"Fundamentos Electromagnetismo", Reitz
"Problemas de Física", Aguilar y Casanova
"Problemas de Física", Gullan

⊖⊖⊖

*Agradecimientos

    Muchas gracias por comprar y especialmente por leer este libro. Mi intención siempre ha sido ayudar y compartir experiencias con otras personas como tú.

    Espero que te haya gustado o te haya servido para consolidar conocimientos, superar exámenes o preparar clases, pero sobre todo espero que te haya servido para pasar algún rato entretenido aprendiendo Física.

Te agradezco cualquier sugerencia que quieras comentar, para ello lo puedes indicar en mi blog en:

    gregochenlo.blogspot.com

    Si te ha gustado el libro, agradezco las cinco estrellas en www.amazon.es que me ayudarán a continuar mejorando mis libros y también a otros lectores a encontrarlo más fácilmente y a conocerlo con más detalle.

    Nuevamente muchísimas gracias.

☺☺☺

Gregorio Chenlo Romero (gregochenlo.blogspot.com)

Notas: (v1)

www.ingramcontent.com/pod-product-compliance
Lightning Source LLC
Chambersburg PA
CBHW031535210526
45464CB00003B/1021